Ein Zuhause profitabel machen

Kate V. Saint Maur

Writat

Diese Ausgabe erschien im Jahr 2023

ISBN: 9789359250434

Herausgegeben von
Writat
E-Mail: info@writat.com

Inhalt

EIN PROFITABLES ZUHAUSE ....- 1 -

GEFLÜGEL ....- 8 -

DIE SITZENDE HENNE UND DER INKUBATOR ....- 17 -

    DIE AUSWAHL DES INKUBATORS ....- 17 -

    DIE PFLEGE DER KÜKEN IM BRÜTER ....- 20 -

    So diversifizieren Sie die Tagesration ....- 21 -

AUFZÜCHTUNG FRÜHER BRILTER ....- 23 -

DER GEFLÜGELHOF IN DER MITTSAISON ....- 27 -

JULI IM GEFLÜGELHOF ....- 32 -

Eine Herde Truthähne ....- 38 -

ENTEN UND GÄNSE ....- 43 -

TAUBEN UND SQUABS ....- 49 -

Geflügelbeschwerden ....- 54 -

DER GEMÜSEGARTEN ....- 58 -

DIE BRUTSTÜCK ....- 65 -

WIE MAN SPARGEL ANBAUT ....- 68 -

WIE MAN PILZE ZUCHT ....- 74 -

SECHS GUTE GEMÜSE ZUM ANBAU ....- 80 -

WIE MAN ERDBEEREN PFLANZEN UND kultivieren kann - 84 -

WIE MAN KLEINE FRÜCHTE ANBAUT ....- 88 -

WIE MAN MEHRJÄHRIGE PFLANZEN ZUCHT ....- 93 -

JUNI-ROSEN ....- 97 -

LAVENDEL UND KRÄUTER ....- 101 -

WACHSENDE BRUNNENKRESSE ....- 105 -

MEINE ERFAHRUNG MIT BIENEN ....- 109 -

LAGERUNG VON OBST UND GEMÜSE ....- 115 -

RHABARBER UND SPARGEL FORMEN ....- 119 -

SCHWEINAUFZUCHT ....- 123 -

PFLEGE VON HAUSTIEREN ....- 127 -

Züchtung von Kanarienvögeln für den Markt ....- 133 -

DIE GESCHÄFTSSEITE ....- 137 -

EIN PROFITABLES ZUHAUSE

ES ist erst sechzehn Jahre her, seit ein Unglück unsere Emanzipation herbeigeführt hat. Ein katastrophales Geschäftsvorhaben machte eine Kostenkürzung erforderlich. Da die Miete ein besonders schwerer Posten ist, begann die Suche nach einer günstigeren Wohnung. Als sie im Schlepptau schlampiger Hausmeister unzählige stickige Treppen hinauf und hinunter schufteten, wurde ihnen klar, dass es sich bei den billigen Wohnungen entweder um überfüllte Baracken handelte, in denen es nach schmutziger Seifenlauge und abgestandenem Essen roch, oder um überdekorierte Abstellräume, in denen Kinder tabu waren. Zwei Wochen lang kehrte ich Abend für Abend müde und entmutigt nach Hause zurück.

Dann kam der Zufall in Form einer Geflügelschau zu meiner Erleichterung. Warum nicht statt einer billigen Wohnung und halbdunklen Räumen ein Haus und einen Garten, in dem wir selbst Hühner, Eier und Gemüse haben könnten? Freunde spotteten; und selbst mein Mann, der mich immer dabei unterstützt hatte, das ideale Zuhause für unser Alter zu planen, als einen Ort weit weg vom Lärm und der Hektik der Stadt, an dem wir unserer Liebe zu Blumen und Tieren frönen konnten, widersprach zunächst, obwohl er wurde schließlich von meiner Begeisterung durchdrungen und sagte mir, ich solle weitermachen, wenn ich mich in der Lage fühle, die Verantwortung zu übernehmen, an der die Pflichten der Stadt ihn offensichtlich hindern würden, sie zu übernehmen.

Er legte außerdem fest, dass der Transport zu und von seinem Unternehmen in der Stadt sowie alle anderen Kosten unter die neu erforderliche Ausgabenkürzung fallen sollten, die die Miete auf 25 Dollar pro Monat und die Haushaltszulage auf zwölf Dollar pro Woche begrenzte; dass nichts von unserem sehr begrenzten Kapital riskiert werden sollte, mit Ausnahme von hundert Dollar zur Deckung der Umzugskosten usw., und dass selbst dieser Betrag als Darlehen betrachtet werden sollte. Um den vorsichtigen, männlichen Vorstellungen von Fairness des lieben Mannes gerecht zu werden, nahm ich mir vierundzwanzig Stunden Zeit, um über die Bedingungen nachzudenken, und stimmte dann mit feierlichem, sachlichem Ernst zu.

Eine sorgfältige Anzeige in einer Sonntagszeitung, in der es klar und deutlich hieß, wir wollten einen kleinen Bauernhof in der Nähe der Stadt und eines Bahnhofs, wobei die Miete nicht mehr als fünfzehn Dollar im Monat betragen sollte, brachte Dutzende von Briefen ein, in denen alle möglichen Orte in allen möglichen Entfernungen und Preisen angeboten wurden , aber nur sechs echte Antworten. Mit den Verfassern dieser sechs Briefe korrespondierte ich; studierte unzählige Eisenbahnführer; unternahm mehrere erfolglose Reisen; Ich habe bei zwei oder drei Orten gezögert und bin dann einfach auf den richtigen Ort gestoßen.

Es ist, als würde man sich einen neuen Hut oder ein neues Kleidungsstück aussuchen. Das gefällt dir, aber dieses hier ist schicker. Plötzlich sieht man etwas ganz anderes – das Zögern hat ein Ende; das unbewusste Ideal wird gefunden.

Das Haus war lang, niedrig und weiß und stand am Ende der Straße, gegenüber einem etwas vernachlässigten, altmodischen Blumengarten , der an einen fünf Hektar großen Obstgarten grenzte, der von einem Fluss begrenzt wurde. Der Mann, der mich fuhr, wusste nicht, wem das Haus gehörte. Ich stieg aus, schaute durch die Fenster hinein und erkannte, dass es in der Mitte einen großen Flur mit zwei großen, altmodischen Kaminen und vielen seltsamen Schränken gab.

Draußen gab es einen Holzschuppen, eine Sommerküche, eine kleine Räucherei, eine Scheune, einen Kuhstall, eine Maiskrippe und einen Hühnerstall. Mein ursprüngliches Ziel war vergessen. Ich wurde zum Bahnhof zurückgefahren; fand heraus, wer der Besitzer war und wo er lebte; fuhr dorthin und stellte fest, dass das Haus vier große und ein kleines Zimmer, eine Küche, eine Speisekammer und zwei Keller im Erdgeschoss sowie fünf Zimmer und einen Dachboden im Obergeschoss enthielt .

Es gibt einhundertachtzig Acres Land oder mehr, aber der Vermieter würde es aufteilen, um guten Pächtern gerecht zu werden, wovon er offensichtlich dachte, dass wir das tun würden, denn anschließend vereinbarten wir, das Haus, die Gebäude, den Obstgarten, zwölf Acres Ackerland usw. zu übernehmen Vier Hektar Waldland mit einer dreijährigen Pacht und einer Pacht von fünfzehn Dollar pro Monat, mit dem Privileg, den Rest des Landes jederzeit während unserer Pachtzeit für fünf Dollar zusätzlich pro Monat zu übernehmen und eine Kaufoption zu haben.

Wirklich, es schien zu schön, um wahr zu sein, denn es lag innerhalb der vorgeschriebenen Entfernung von der Stadt und dem Depot, und der Preis für die Pendelfahrt betrug nur sechs Dollar pro Monat. Der Fluss, der altmodische Garten mit seinen zwei großen Trompetenbäumen, die das Haus beschatten, und die Schönheit der umliegenden Landschaft ließen es fast zu einer Verwirklichung unseres idealen Zuhauses werden. Dankbare Freude erfüllte unsere Herzen, noch bevor wir die herrliche Belebung eines geschäftigen Lebens im Freien auf dem Bauernhof erlebt hatten, wo jeder Tag etwas Neues mit sich bringt.

Unser gesamtes Hab und Gut, einschließlich zweier Katzen und eines Kanarienvogels, wurde in zwei Lieferwagen gepackt, mit denen wir für dreißig Dollar die gesamten 28 Meilen zurücklegten. Ein Küchenherd kostete fünfunddreißig Dollar; drei Waschzuber, vier Lampen und ein paar notwendige Werkzeuge kosteten weitere fünfundzwanzig Dollar; und die letzten zehn der hundert Dollar gaben wir für Strohmatten aus, die wir auf zwei Schlafzimmer aufteilten.

Natürlich musste ich ganz unten auf der Leiter anfangen und nur mit dem Geld kaufen, das ich Woche für Woche von meinem Haushaltsgeld sparen konnte. Ein paar Hühner, ein paar Enten, nach und nach durch die Geflügelfamilie, dann einen Brutkasten und einen Brutapparat, bis hin zur Würde eines Pferdes und einer Kuh; Nach dessen Erwerb wurde das Haus selbsttragend und erzielte im dritten Jahr einen Überschussgewinn.

Natürlich gab es Schwierigkeiten und Probleme zu überwinden, aber sie waren alle das direkte Ergebnis meiner eigenen Unwissenheit. Ein Freund, der sich gut mit dem Bau von Landhäusern auskennt und bei dem ich stellvertretende Erfahrungen hätte sammeln können, hätte die meisten von ihnen verhindert. Daher mein Wunsch, die praktischen Lektionen, die ich in den letzten 16 Jahren gelernt habe, zum Nutzen anderer Frauen weiterzugeben.

Unser altmodisches weißes Haus und der schattige Garten mögen vielleicht nicht jedermanns Sache sein , aber egal, welche individuellen Ansprüche an Architektur und Umgebung es stellen mag, es gibt bestimmte Punkte, die beachtet werden müssen, um die Gesundheit und das Glück zu gewährleisten, die wir uns alle wünschen. Das Haus muss auf einer Anhöhe liegen und über eine gute Unterentwässerung verfügen. Wie ich mich bei letzterem Punkt sicher sein konnte, war mir ein Rätsel, bis ein alter Immobilienmakler als Antwort auf mein Lob für einen Ort, an dem wir vorbeikamen, sagte:

"Gutaussehend? Ja, aber es ist eine Todesfalle. Graben Sie irgendwo um das Haus herum ein sechs Fuß tiefes Loch, und in zwölf Stunden wird sich am Boden Wasser befinden."

Unnötig zu erwähnen, dass dieser Ort nicht auf seiner Liste stand, aber der Hinweis war gut und blieb im Gedächtnis. Nasse Wiesen und Quellteiche bereiten vielleicht keine Angst, aber stehendes Wasser ist gefährlich, denn es züchtet Mücken und Malaria. Glücklicherweise lässt es sich im Allgemeinen leicht abschaffen; Ein körperlich leistungsfähiger Mann mit einer Schaufel kann normalerweise eine Rinne zu einem nahegelegenen Wasserfall im natürlichen Gefälle des Landes graben, der ihn entwässern soll. Zwei Jahre lang waren Mücken eines unserer Probleme; dann vernichtete die dreistündige Arbeit ihren Nährboden.

Da es sich um ein dauerhaftes Zuhause und nicht um ein Sommerlager handelt, ist Schutz vor kalten Winden wichtig. Der Wald auf unserem Platz schützte Scheunen, Häuser und Obstgärten. Wenn kein natürlicher Windschutz vorhanden ist und der Standort sonst so zufriedenstellend ist, dass Sie darüber nachdenken, ihn in Zukunft zu kaufen, ist es ratsam, schnell wachsende Bäume zu pflanzen, die auf dem Land normalerweise für wenig oder gar nichts zu kaufen sind. und verpflanzt, wenn sie eine recht gute Größe erreicht haben. Preiswerte Landhäuser haben keine Öfen, und wie wir können Sie sich möglicherweise ein oder zwei Jahre lang keinen leisten.

Wir fanden heraus, dass zwei große Öfen, deren Rohre so angeordnet waren, dass sie durch die Decke und in die Heizkörper in den darüber liegenden Räumen und von dort in den Schornstein führten, vier Räume beheizen konnten. Das Rohr des Küchenherdes kann auf die gleiche Weise genutzt werden. Öfen mit Rissen und schlechten Schamottsteinen verschwenden Brennstoff und Wärme, also versuchen Sie nicht, bei den Öfen zu sparen .

Wir haben im Wohnzimmer immer einen offenen Kamin benutzt, weil er so fröhlich und gemütlich aussieht, und eine Tür am gegenüberliegenden Ende des Raumes öffnet sich in das Esszimmer, lässt die Luft von dort herein und verhindert so das kalte Rücken, die den üblichen Nachteil eines malerischen offenen Feuers darstellen.

Eine der Freuden der Abhängigkeit von Öfen besteht darin, dass man die Wärme in jedem Raum regulieren kann, um allen Bedingungen gerecht zu werden. Unsere Wohnung in der Stadt gehörte zur gehobenen Klasse, doch mit der zusätzlichen Kältewelle war auch die Heizung kaputt. Ein weiterer Horror war das „ Kling-Kling “ der Pfeifen in den dunklen, unheimlichen Morgenstunden, in denen jeder wohlgeordnete Mensch in Ruhe schlafen sollte.

Da wir reichlich Holz hatten, verwendeten wir, außer in der Küche, sogenannte „luftdichte Holzöfen“ anstelle von Kohle. Und tatsächlich hatten wir noch nie Probleme damit, das ganze Haus auch bei bitterstem Wetter *warm zu halten*. Aber wir haben Vorsichtsmaßnahmen getroffen und zum Beispiel dafür gesorgt, dass der Kitt rund um die Fensterscheiben in Ordnung bleibt. Wir haben Sandsäcke auf den Simsen, Matten an den Türen und rotes Baupapier (das keinen Geruch hat) oder mehrere Lagen Zeitungspapier unter dem Bodenbelag verwendet. Dann öffneten wir jeden Morgen für ein paar Minuten die meisten Fenster und ließen frische Luft herein.

Die Menschen schwärmen von den Freuden des Landes im Sommer, aber ich glaube, dass Städter die Freuden eines Landhauses im Winter besser wahrnehmen . Das knisternde Kaminfeuer auf der offenen Feuerstelle, um das sich die ganze Familie versammeln konnte, empfand wir als herrlich erholsam. Es liegt eine „Heimlichkeit" darin, die an der Seite eines Dampfstrahlers nicht zu finden ist. Und könnte irgendein Spezialist ein besseres Allheilmittel gegen die überreizten Nerven eines Geschäftsmannes verschreiben? Dort lasse ich zu, dass meine Begeisterung für das Vergnügen auf dem Land die praktische Hilfe, die ich leisten möchte, beeinträchtigt. Und auch jetzt noch werden die Freuden des Skatens, Schlittenfahrens und Rodelns nicht erwähnt.

Es ist ganz einfach, es bei heißem Wetter zu Hause gemütlich zu machen. Ein Haus hat vier Seiten – eine für jede Himmelsrichtung – öffnen Sie also Fenster und Türen und fangen Sie die Brise ein, die gerade weht. Drahtschirme sind billig; Achten Sie außerdem darauf, dass kein Müll und kein Wasser auf dem Gelände herumsteht, um Fliegen und Mücken abzuwehren.

Wenn das Schicksal oder Ihre Fantasie Sie an einen neuen Ort gebracht hat, ohne alte Bäume, die den Rasen und die Veranda beschatten, werden Drahtgeflechte und wilde Gurkenranken, die sehr schnell wachsen, einen Ersatz darstellen. Für die Vorratshaltung empfand ich einen gut belüfteten Keller als besser als den besten Kühlschrank. Wir nehmen die Fenster heraus und ersetzen sie durch zwei dicke Flanellstoffe, die gründlich mit Wasser gesättigt sind. An einem heißen Tag zur Mittagszeit senkt die Verdunstung die Temperatur um mehrere Grad, der Frischluftstrom wird jedoch nicht behindert, wie dies bei geschlossenen Fenstern der Fall wäre.

Brunnen- oder Quellwasser ist normalerweise erfrischend kühl, daher ist ein Eishaus wirklich nicht unbedingt erforderlich. Ich empfehle jedoch den Bau eines kleinen, wenn die Farm gutes Eis bietet, da es sich um ein kostengünstig zu bauendes Gebäude handelt, grobe Bretter, Sägemehl und die üblichen Handwerksarbeiten Arbeitskräfte sind die einzigen Voraussetzungen. Wir hatten mehrere Jahre lang keines, aber dann hatten wir ein Quellhaus mit Steinboden und Regalen und einer breiten, rundherum verlaufenden Rinne, durch die das Wasser der Quelle geleitet wurde und die den Ort fast eisig hielt.

Moderne Verbesserungen sind in preiswerten Landhäusern nie zu finden, daher fanden wir, dass sofort ein Badezimmer oder eine Möglichkeit zur gründlichen Reinigung gebaut werden müsste. Für etwa sieben Dollar kauften wir eine große Blechbadewanne mit Holzboden und stellten sie in das kleine Zimmer neben der Küche. Ein Stück Gummischlauch wurde fest an das Ablaufrohr der Badewanne gebunden und durch die Wand in einen Abflusskasten geführt, von dort zu einem zehn Fuß vom Haus entfernten Fass, das keinen Boden hatte und im Boden versenkt wurde. Von dort versickerte das Wasser natürlich in den Untergrund und verschwand.

Anfangs dachten wir, dass es wirklich sehr schön sei, aber später, als sich unsere Vorstellungen und Finanzen erweiterten, ersetzten wir es durch eine emaillierte Wanne und ein Waschbecken mit porzellanemailliertem Waschbecken und ordnungsgemäß verlöteten Abflussrohren in einem drei Fuß tiefen gefliesten Abflussbecken, um ein Einfrieren zu verhindern .

Eine Pumpe über der Küchenspüle war die einzige Wasserversorgung gewesen, aber da diese aus einer herrlichen Quelle stammte, die mehrere Fuß über dem Niveau des Hauses lag, beschlossen wir, bei der Investition in eine neue Badezimmerausstattung den Geldbeutel noch ein wenig zu strapazieren , und in heißes und kaltes Wasser geben. Am Küchenherd war ein Rücklaufbecken und ein 63-Gallonen-Boiler angebracht. Es kostete zweiundzwanzig Dollar und fünfundsiebzig Cent. Die Badewanne und das Waschbecken kosteten 38 Dollar. Fünfzig Fuß 1,5-Zoll-Rohr, sieben Dollar und fünfzig Cent. Einhundert Fuß halbzolliges Rohr, sechs Dollar. Abflussrohr, zwei Dollar. Arbeit, zweiundzwanzig Dollar.

Wenn eine Quelle nicht günstig gelegen ist, müssen ein automatischer Stößel und eine Zisterne verwendet werden, und mir wurde gesagt, dass sie etwa siebzig Dollar mehr kosten würden. Auch bei der Neueinrichtung des Badezimmers behalten wir den Erdschrank, den wir vor einiger Zeit für 25 Dollar gekauft hatten. Es steht mit dem Rücken zur Außenwand, durch die eine Falltür geschnitten wurde, um das Entfernen und Ersetzen von Pfannen und Erde zu ermöglichen. Dies ist zweifellos die kostengünstigste und hygienischste Einrichtung, mit der ein Landhaus eingerichtet werden kann.

Der nächste Trost war ein Telefon, das nur achtzehn Dollar pro Jahr kostete, inklusive Ortsgesprächen, Ferngespräche natürlich gegen Aufpreis. Das, zusammen mit der Zustellung auf dem Land und der Tageszeitung, bringt uns, die daheim bleiben, in Kontakt mit den großen Taten der Welt und den kleinen Interessen unserer Freunde.

Wir haben die Stadt im März verlassen, aber die Erfahrung hat mich gelehrt, dass der Herbst die beste Zeit des Jahres zum Auswandern ist. Es gibt nicht so viele Leute, die nach ländlichen Orten suchen; Die Tage sind hell und kühl, die Straßen in gutem Zustand und im Garten und Obstgarten kann viel getan werden, um die Arbeit im nächsten Frühling zu erleichtern. Wenn man im Herbst mit der Geflügelzucht beginnt, kann man Broiler bereithalten, um die frühen Frühlingspreise zu fangen. Darüber hinaus ist es das frühe Küken, das im folgenden Winter eine gute Schicht bilden wird.

Im folgenden Kapitel werden wir die Hauswirtschaft auf den Geflügelhof übertragen, denn das ist der beste Ausgangspunkt für ein selbsttragendes Zuhause.

GEFLÜGEL

DA Geflügel das Sprungbrett war, das es mir ermöglichte, den Zufluchtsort eines selbsttragenden Zuhauses zu erreichen, halte ich es natürlich für die beste Grundlage, auf der eine Stadtfrau ihre Erwartungen an den Wohlstand auf dem Land aufbauen kann. Ich nehme an – und ich hoffe auf jeden Fall –, dass nicht jede Frau wie ich mit nur zwei oder drei Vögeln beginnen muss; Aber diejenigen, die es vielleicht müssen, sollten meine Erfahrung in den ersten sechs Monaten als tröstlich empfinden.

In drei Abteilungen wurden einundzwanzig Mischlingshühner gekauft, die jeweils fünfzig bis fünfundsiebzig Cent kosteten. Es handelte sich fast ausschließlich um alte Damen mit ausgeprägten Mutterinstinkten, denen es Freude bereitete, auf Eiern zu sitzen und Hühner zu brüten. So gelang es uns, einhundertachtundvierzig Hühner aufzuziehen. Wir hatten drei bis vier Eier pro Tag für den Tisch, weil wir in Zukunft nur noch White Wyandotte-Hühner halten wollten, und die Bruteier wurden von einem nahegelegenen Bauernhof gekauft und kosteten insgesamt sechs Dollar, Futter für sechs Monate vier Dollar, also eine Gesamtausgabe von zwanzig Dollar und fünfzig Cent. Neunzig Hühner wurden als Broiler verkauft und brachten 22 Dollar ein, so dass der tatsächliche Bargewinn nur zwei Dollar betrug.

stieg der Bestand jedoch auf achtundfünfzig Junghennen , die alle mindestens einen Dollar und fünfzig Cent wert waren. Im November legten sie alle, die durchschnittliche Anzahl Eier betrug 25 pro Tag, während rein frisch gelegte Eier 35 bis 50 Cent pro Dutzend einbrachten, ein Rekord, der mich meiner Meinung nach wirklich dazu berechtigt, Biddy als zu empfehlen der Pionierfaktor für wirtschaftliches Heimwerken. Auch gut erzogene, fleißige Hühner müssen gute Bedingungen haben und sich um sie kümmern, um profitabel zu sein.

Es gibt unzählige Rassen und Sorten von Rassen, die beliebtesten sind derzeit Plymouth Rocks, Barred, Buff und White Wyandottes , Silver-Laced, White, Buff, Golden, Partridge und Black; Rhode Island Reds, deren Gefieder dem altmodischen Wildvogel etwas ähnelt und sich nur dadurch unterscheidet, dass sie sowohl Rosen- als auch Einzelkämme haben; Menorcas , Schwarz und Weiß; Andalusier, ungefähr so groß wie eine Malteserkatze, einzelne Kämme; Leghorns, Schwarz, Braun, Buff, Entenflügel, Silber und Weiß.

Plymouth Rocks und Rhode Island Reds sind sehr gute Vögel und wahrscheinlich würde ich Letzteres wählen, wenn mich irgendetwas davon überzeugen könnte, White Wyandottes im Stich zu lassen . Die Küken der drei oben genannten sind alle kräftig und lassen sich leicht aufziehen, aber die Wyandottes bringen in einem etwas früheren Alter pralle Broiler hervor, die vielleicht ein oder zwei Wochen früher reifen als die anderen, die ebenso gute Braten sind. Ich weiß nicht, dass es einen wesentlichen Unterschied in ihrer Eierproduktionskapazität gibt.

Livornos, Menorcas und Andalusier sind viel kleinere Vögel und gelten als die Eiermaschinen der Hühnerfamilie; Aber Beobachtungen haben mich überzeugt, dass sie bei extrem kaltem Wetter, wenn Eier am wertvollsten sind, weit hinter den drei genannten schwereren Rassen zurückbleiben. Daher empfehle ich immer Wyandottes , Rhode Island Reds oder Plymouth Rocks für den allgemeinen Gebrauch in der Nähe von New York oder weiter nördlich und die Leghorns, Menorcas und Andalusians für die Südstaaten, insbesondere wenn Eier die einzige Überlegung sind und die Vögel sie haben können Freilandhaltung. Einer der großen Nachteile der letzteren Vögel ist ihre Fähigkeit, über Zäune fast jeder Höhe zu fliegen oder zu klettern, während die Dottes , Rocks und Reds leicht in Höfen kontrolliert werden können, die nicht höher als einen Meter sind.

Ganz gleich, für welche individuelle Vorliebe oder Umgebung Sie sich entscheiden, lassen Sie sich von jemandem raten, der seine Erfahrung erworben hat: Probieren Sie nicht mehr als eine Rasse gleichzeitig aus und meiden Sie eine gemischte Herde unscheinbarer Rassen, denn das würde die Scharfsinnigkeit eines Solomon überfordern Füttere einen Mischlingsstamm richtig.

Mit reinrassigen Vögeln meine ich natürlich nicht unbedingt teure Preisträger. Das wäre törichte Extravaganz. Aber alle großen Geflügelbetriebe bieten im Herbst sogenannte „Marktbestände" zum Verkauf an – die Nachkommenschaft der Aristokraten, denen aber einige Punkte fehlen, die für die Ehre im Ausstellungsraum erforderlich sind . Solche Vögel können für etwa anderthalb Dollar pro Stück gekauft werden und erfüllen jeden praktischen Zweck.

Männliche Vögel müssen erst etwa drei Wochen vor der Brutzeit der Eier gekauft werden. Wenn Sie sich dann für Wyandottes , Plymouth Rocks oder Rhode Island Reds entschieden haben , sollte jede Herde von sieben Hühnern von einem Hahn angeführt werden. Livorno-, Menorcas- und Andalusier können fünfzehn Hennen pro Herde halten. Der männliche Vogel sollte so gut sein, wie Sie es sich leisten können, denn auf diese Weise können Sie Ihren Bestand schrittweise verbessern, bis er die Perfektion erreicht. Es ist sicherer, die Hähne von Züchtern zu kaufen, die weit vom ursprünglichen Zuhause der Hühner entfernt sind, um jegliche Gefahr einer Verwandtschaft zu vermeiden.

Wenn neue Vögel gekauft werden, sollten Sie diese für ein paar Tage in einem kleinen Haus und Garten unterbringen, um sicherzustellen, dass sie gesund und geeignete Partner für Ihre Vögel sind. Fangen Sie die Vögel jeden Abend einen nach dem anderen, während Sie sich in Quarantäne befinden. Halten Sie es an den Füßen, den Kopf nach unten, und tränken Sie die Federn mit etwas gutem Insektenpulver aus einem gewöhnlichen Mehlbagger.

Der Geflügelstall sollte bei heißem Wetter etwa alle sechs Wochen und so spät und früh im Herbst und Frühling weiß getüncht werden, wie es das Wetter zulässt. Streuen Sie trockene Erde oder Sand auf die Plattform; jeden Tag reinigen und erneuern. Streichen Sie einmal pro Woche die Ecken von Nestern, Schlafplätzen und anderen Einrichtungsgegenständen oder grob gespleißten Verbindungen im Gebäude mit Kerosinöl und roher Karbolsäure, gemischt im Verhältnis von einem halben Liter Öl zu einer halben Unze Karbolsäure. Bei heißem Wetter sollten Blätter oder andere Kratzmaterialien auf dem Boden einmal pro Woche geharkt werden . Alle Abfälle sollten auf einem überdachten Haufen oder in Fässern gelagert werden, denn Geflügelkot ist ein unschätzbarer Dünger für den Gemüsegarten.

Trockenes, kaltes Wetter schadet den Hühnern überhaupt nicht, aber nach Winterregen oder starkem Schneefall sollten sie im Stall bleiben und zwischen 9.00 und 14.30 Uhr alle Fenster geöffnet werden, sofern das Wetter nicht besonders schlecht ist. Sehr An stürmischen Tagen lassen wir sie nur offen, während die Hühner damit beschäftigt sind, nach Mittagsmais zu scharren.

Es ist die fleißige und fleißige Henne, die die meisten Eier produziert. Daher besteht die erste Überlegung darin, die Herde zu beschäftigen. Wir fördern die Bewegung, indem wir die kleinen Höfe hinter den Häusern im Frühling und Sommer immer wieder umgraben. Im Herbst werden die trockenen, fallenden Blätter gesammelt und bei schlechtem Wetter auf den Böden der Häuser verteilt. Im Sommer wird ihnen in Steingefäßen und im Winter in einer gepolsterten Box ständig frisches, kaltes Wasser vorgehalten.

An sonnigen Stellen im Haus werden Kisten mit sauberer, trockener Erde aufgestellt, um die Vögel zu den Staubbädern zu animieren, die ihnen Freude bereiten. Hühner haben keine Zähne, mit denen sie ihr Futter kauen könnten, und sind auf Körnung angewiesen, um die Funktion des Kauens zu erfüllen, nachdem das Futter in den Muskelmagen des Vogels gelangt ist, wo eine Art Mahlvorgang stattfindet, der harten Mais in eine verdauliche Verbindung zerkleinert. Da wir in der Nähe eines Steinbrechers sind, kaufen wir den feinen Kies ladungsweise. Wer nicht so glücklich ist, findet in jedem Geflügelladen eine speziell zubereitete Mischung, oder die kleine Herde kann versorgt werden, indem zerbrochenes Geschirr und Glas in etwa hanfsamengroße Stücke zerschlagen werden. Austernschalen sind ein sehr schlechter Ersatz für Sand; ihr Wert liegt in dem Kalk, den sie für die Schalenbildung liefern.

Geflügel hält man besser in Höfen; Tatsächlich müssen sie so zurückgehalten werden, wenn die höchsten Eierrekorde erreicht werden sollen. Früher galt es als großer Nachteil für Hühner, doch seit einigen Jahren hüten professionelle Geflügelzüchter ihre Hühner, weil sie fanden, dass dies die einzige Möglichkeit war, die höchste Stufe zu erreichen. Auch heute noch halten die allgemeinen Landwirte an der Idee der Freilandhaltung fest , und ich bin überzeugt, dass dies nicht nur deshalb der Fall ist, weil sie es für notwendig halten, sondern dass dadurch Futter und andere Mühen gespart werden. Man schätzt, dass eine Herde von Misthühnern, wie man sie auf einem durchschnittlichen Bauernhof sieht, in einem Jahr weniger als hundert Eier legt. Die Zahlen liegen bei achtzig bis neunzig. Landwirte, die zu Züchtern geworden sind, also deutlich mehr Rücksicht auf die Henne nehmen und dennoch an der Freilandhaltung festhalten , haben diesen Ertrag auf 150 und mehr gesteigert. Züchter, die streng nach den neuesten Methoden vorgegangen sind und ihre Legehennen gezüchtet haben, haben durchschnittlich einhundertfünfundsiebzig Eier erhalten, einige haben sogar die Zweihundert-Marke erreicht .

Bitte beachten Sie, dass ich „Geflügel" oder „Hühner" sage und nicht damit meine, dass heranwachsende Küken darunter fallen. Die Grenze zwischen beiden muss deutlich gezogen werden. Das Sortiment darf für wachsende Bestände nicht zu groß sein. Was wir bei der Aufzucht von Küken anstreben, ist der Rahmen, auf den wir später Fleisch legen wollen. Dieser Rahmen kann nur durch Nahrung aufgebaut werden, und zwar in ausreichender Menge, die durch körperliche Betätigung in Knochen und Muskeln umgewandelt wird. Nachdem das Küken den Rahmen hergestellt hat, können wir es sicher in den Hof werfen, das Fleisch anziehen und es so in eine Geldverdienmaschine verwandeln.

Die Vorteile, die sich aus der Vorratshaltung ergeben, sind vielfältig. Erstens stellen wir durch die Beschränkung des Vorrats auf einen bestimmten Raum sicher, dass sie das bereitgestellte Futter in der Menge fressen, die wir für sie vorgesehen haben. Die Fütterung von Legehennen zur Eierproduktion wird von Jahr zu Jahr zu einem heikleren Vorgang. Eine Formel nach der anderen wird von verschiedenen Züchtern versuchsweise ausprobiert, in der Hoffnung, die Eiausbeute zu steigern. Wenn wir jede Henne dazu zwingen können, zehn weitere Tiere pro Jahr zu legen, bedeutet das eine beträchtliche Steigerung der Gesamtzahl der Herde und eine bessere Rendite in Dollar und Cent für den Züchter. Yarding Stock ist ein Mittel zu diesem Zweck. Die zugeführte Nahrung wird, wie wir es meinen, in Eier und nicht in Muskeln umgewandelt. Es ist deutlich mühsamer, die Bestände auf diese Weise zu pflegen, und erfordert zusätzliche Arbeit und Kosten, aber wir sind ständig auf der Suche nach der Steigerung und hoffen daher ständig, für die zusätzliche Mühe entschädigt zu werden.

Hühner in Höfen müssen mit allem versorgt werden, was sie brauchen, was bedeutet, dass sie mit allem versorgt werden, was sie von Natur aus suchen würden, wenn sie frei herumlaufen. Dazu gehören neben dem Getreide, das wir mit der Säuglingsnahrung füttern, Grünfutter, Fleisch, ein Kratz- und Staubplatz sowie Sand und Wasser. Von all diesen halte ich grüne Lebensmittel für das Nötigste und das Einzige, was man sich in den Geist einprägen sollte, weil es das Einzige ist, was zu oft vergessen wird. Grüne Lebensmittel jeglicher Art sind akzeptabel. Die ideale Haltung von Hühnern ist die sogenannte Doppelhaltung – ein Haus in der Mitte und ein Hof auf jeder Seite. Diese Höfe können abwechselnd mit Roggen oder Hafer besät werden, so dass die Hühner einen konstanten grünen Auslauf haben, solange Roggen oder Hafer wachsen, also bis zum Frost. Wenn das Doppelgartensystem nicht funktioniert, kann die grüne Nahrung durch Rasenschnitt, ganzen Kohl, Kleeheu oder gekeimten Hafer auf verschiedene Arten zugeführt werden. Durch Umgraben des Hofbodens mit einem Grubber oder durch flaches Pflügen werden die Würmer und Käfer in Reichweite gebracht, oder aufgeschnittene und roh verfütterte Schafsköpfe können hineingeworfen werden, und dies ist ein ideales Fleischfutter. Rinderhackfleischreste können unter den Brei gemischt werden – und zuletzt und wahrscheinlich am besten geschnittener grüner Knochen.

Hofhühner brauchen Bewegung. Es darf nicht so verstanden werden, dass sie, weil sie eingesperrt sind , keine Bewegung bekommen, oder so viel, als ob sie auf freiem Fuß wären. Die Höfe sollten mindestens 150 Fuß lang sein, wenn sie der Breite eines durchschnittlichen Stalls entsprechen, der 10 bis 12 Fuß beträgt. Manche Rassen sind von Natur aus deutlich aktiver als andere; zum Beispiel die Leghorns im Vergleich zu den Cochins oder Brahmas. Die Gesundheit der Hühner wird dadurch nicht besonders beeinträchtigt. Ein Leghorn ist aufgrund seiner Aktivität nicht gesünder als ein Cochin. Es ist einfach der Unterschied in ihrer Natur, aber aufgrund dieser übermäßigen Aktivität einer Rasse gegenüber einer anderen muss die eine mehr Raum haben als die andere. Das Leghorn übersteht im Winter die Beschränkung eines Stalls von drei mal zwölf Fuß, vorausgesetzt, es kann aktiv auf der Jagd nach seinem Futter gehalten werden. aber derselbe Vogel würde Trübsal blasen und seine Kondition verlieren, wenn er zu lange in einem Ausstellungsstall in einem Ausstellungsraum eingesperrt würde. Dagegen ist eine Cochin von Natur aus eher faul, geht langsam auf Nahrungssuche und wandert ruhig über ihren Garten, lässt es im Winterstall ruhig angehen und übersteht die Enge des Ausstellungsstalls ausgezeichnet.

Der Futtersuchcharakter jeder Rasse kann durch übermäßiges Füttern zerstört werden. Sogar Vögel aus Freilandhaltung benötigen, wenn sie zu besonderen Essenszeiten überfüttert werden, nur begrenzte Bewegung, genau wie Vögel, die gleich behandelt und auf dem Hof gehalten werden.

Bewegung wird durch kurzes Füttern angeregt. Mit anderen Worten, keinem Legetyp sollte außer nachts so viel Futter verabreicht werden, wie er fressen kann. Hunger erfordert Bewegung, egal, ob ein Geflügel freigelassen oder auf dem Hof gehalten wird. Deshalb legen Hühner, die zu wenig gefüttert werden und dazu verleitet werden, mehr zu jagen, Eier, während diejenigen, die zu viel gefüttert werden, vor allem am Morgen Trübsal in der Sonne herumsitzen und das Futter in Fleisch statt in Eier umwandeln.

Ein weiterer Vorteil von Hofgeflügel ist die Gewissheit, jeden Tag alle gelegten Eier vorzufinden und diese dann absolut frisch zu halten. Dies ist ein Punkt von großer Bedeutung und macht den Unterschied zwischen Eiern aus, die von einem modernen Züchter mit Hofgeflügel produziert werden, und Eiern, die vom „ehrlichen" Landwirt verkauft werden, der sie dort einsammelt, wo er sie findet, und nicht schwören kann, dass sie gelegt wurden -Tag, nicht vor zwei Wochen.

Der kluge Geflügelhalter wird nicht zögern, alles für die Brutzeit in Ordnung zu bringen. Um die Vitalität der Herde aufrechtzuerhalten, ist neues Blut erforderlich . Kaufen Sie den besten männlichen Vogel, den Sie sich leisten können. Der Hahn macht mehr als die Hälfte der Herde aus. Ein guter Vogel wird im nächsten Frühjahr sein Jungvieh einstufen. Denken Sie daran, auch wenn Sie selbst ziemlich gute Vögel aufziehen, besteht die Gefahr, dass Inzucht länger als eine Saison dauert.

Wählen Sie für die Zuchtställe nur die größten und hellsten Hennen aus. Lehnen Sie alle ab, die zu irgendeinem Zeitpunkt ihres Lebens Anzeichen einer Krankheit gezeigt haben. Die Eier sind der Hauptpunkt; Es sollten nur die besten Schichten ausgewählt werden. Für einen Schwarm reichen sieben bis zwölf Vögel. Wenn Sie nicht über Ställe oder ein langes, in Abteile unterteiltes Haus mit angrenzenden Höfen verfügen und Ihre Vögel nicht in kleine Schwärme aufteilen können, übernehmen Sie den Wechselplan. Halten Sie mehrere männliche Vögel getrennt von den Hühnern in einem Haus und Hof und lassen Sie jeweils nur einen mit den Hühnern laufen, abwechselnd jeden Tag oder jede Woche, je nach Anzahl der Hühner. Wenn ich zum Beispiel gezwungen wäre, fünfzig Hennen in einer Herde zu halten, würde ich sieben männliche Vögel behalten und jedes einzelne einen Tag lang mit der Herde laufen lassen, anstatt zuzulassen, dass drei oder vier Vögel die ganze Zeit bei der Herde bleiben .

Jetzt ist es an der Zeit, die Dinge zu überarbeiten. Wenn der Frühling kommt, gibt es keine Gelegenheit, denn dann herrsch immer Eile, und Sie werden sich selbst Ärger einhandeln, wenn Sie Ställe benutzen, die nicht richtig gereinigt wurden oder die keine Befestigungen haben oder deren Scharniere kaputt sind oder die im Dach undicht sind. Die Jungen wollen an den Winterabenden etwas, das sie unterhält; Wecken Sie Ihr Interesse daran, ihr handwerkliches Können unter Beweis zu stellen, indem Sie Futtertrichter und Trinkbrunnen herstellen. Selbsternährende Trichter sparen viel Futter, insbesondere bei runden Brutställen. Sie verhindern, dass das Getreide verschüttet oder in den Boden getreten wird oder durch Gewitterschauer verdorben wird.

Die Teesorte, die wir im Haus verwenden, wird in quadratischen Pfunddosen geliefert, und diese verwandeln wir in Selbstdosen, indem wir zwei Zoll der Vorderseite einen Zoll vom Boden abschneiden und einen schrägen Zwischenboden hineinpassen. Jeder geschickte Junge kann sich das Bild eines Selbstfütterers in einem Katalog ansehen und einen herstellen, der genauso brauchbar ist. Pfund-Backpulverdosen können ein erbsengroßes Loch haben, das etwa einen Zoll von der Oberseite entfernt ist, und wenn sie mit Wasser gefüllt und auf den Kopf gestellt in einer 5 cm großen Blechpfanne stehen, ergeben sie tolle kleine Trinkbrunnen für Brutställe, und das kostet nur wenig Fünf Cent für das Gericht, es gibt also keine Entschuldigung dafür, dass man nicht genug davon hat, und sie verhindern, dass Küken ertrinken oder das Wasser verunreinigt wird, was normalerweise der Fall ist, wenn offene Schüsseln verwendet werden. Im Frühling, wenn jeder mehr Arbeit hat, als er bequem erledigen kann, ist es wichtig, alle kleinen Dinge bereit und in Ordnung zu haben.

Mindestens zwei Drittel der Briefe, die ich erhalte, handeln von „mysteriösen" Fällen, die fast alle auf das Vorhandensein von Ungeziefer in den Häusern zurückzuführen sind. Die meisten Frauen, die schreiben, scheinen entsetzt zu sein, wenn sie feststellen, dass ihre Hühner von solchen Schädlingen befallen sind, aber ich habe die Erfahrung gemacht, dass es das gepflegte, vermutlich saubere Haus und die Herde sind, die wahrscheinlich am schlimmsten sind. Warum, ist ein Rätsel, es sei denn, Frauen neigen dazu, das Haus ihrer Hühner so ordentlich sauber zu halten, dass man nie an versteckte Probleme denkt, und aus diesem Grund werden das Haus und die Herde nie, wie es sein sollte, drastisch mit Schädlingsbekämpfungsmitteln angegriffen und präventiv. Und natürlich vermehren sich die versteckten Schädlinge ungestört und befallen den ganzen Ort, bevor man ihre Anwesenheit vermutet.

Nur wenige Menschen wissen, dass es eine Vielzahl und Vielfalt von Schädlingen gibt, die aufgrund anderer Geheimhaltungsgewohnheiten schwer zu entdecken sind. Da ist zum Beispiel die Schorfmilbe, ein sehr kleiner, bösartiger Schädling, der oft dazu führt, dass Hühnern das Federziehen vorgeworfen wird, während die armen Tiere in Wirklichkeit nur versuchen, sich von Eindringlingen zu befreien, die ihnen echte Folter zufügen . Wenn man bemerkt, dass ein Vogel kahle Stellen am Hals, Rücken oder Körper hat, ist es gut, ihn zu fangen und in der Nähe der kahlen Stelle eine seiner Federn auszureißen. Zehn zu eins finden Sie eine

Schuppensammlung in der Nähe einer Feder. Reiben Sie es auf ein Blatt Papier und betrachten Sie es unter einer Lupe. Sie werden feststellen, dass jedes Körnchen, das wie Schuppen aussah, eine lebende Milbe ist. Ein weiteres winziges Atom, das sich unter der Haut von Hühnerbeinen vergräbt, wird als „schuppige Beine" bezeichnet . Viele der mysteriösen Todesfälle lassen sich auf eine andere Art derselben Familie zurückführen, die die Luftwege der Kehle des Vogels angreift und gelegentlich auch die Lunge erreicht. Der betroffene Vogel wird schläfrig, trübt ein paar Tage lang Trübsal und stirbt schließlich an Erstickung, und die Leute fragen sich, was das Problem war. Dann gibt es drei Arten von Flöhen, deren Farbe so dunkel ist, dass sie fast schwarz aussehen. Sie leben im Boden oder in Ritzen und Spalten der Geflügelställe und machen sich auf den Weg, wenn sie hungrig sind, um sich von der armen, wehrlosen Henne zu ernähren. Eine Art dieser Krabbler krabbelt, anstatt wie der gewöhnliche Floh zu hüpfen, weshalb die Menschen häufig den Fehler machen, zu glauben, es handele sich um ein Pflanzeninsekt, das Geflügel nicht belästigt. Es sind all diese unerwarteten Besucher, die nachts Geflügel angreifen, ihnen ihre Vitalität und dem Geflügelhändler einen Großteil seines Gewinns rauben.

Als ich vor langer Zeit mit meiner Geflügelzucht begann, fand ich in einer von Dr. PTL Woods, dem großen Geflügelexperten, empfohlenen Zeitschrift ein Rezept für einen flüssigen Lausvernichter und ein Wurmpulver, das in einer Zeitschrift veröffentlicht wurde. Die Flüssigkeit ist einfach herzustellen und sehr günstig. Rohe Naphthaflocken in Kerosinöl auflösen. Mothalin und Naphtha-Kampher sind zwei in Packungen verpackte Präparate, die man in jeder Apotheke kaufen kann und die genauso gut funktionieren wie die Flocken, wenn man Schwierigkeiten hat, sie zu bekommen. Eine Bostoner Firma bietet ein Präparat mit aromatischen Naphthalinen und Kampfer an, das in Packungen 25 Cent kostet und sehr gut ist. Eine Packung, aufgelöst in zwei Gallonen Kerosin, ergibt eine gute Mischung zum Besprühen von Häusern, Nestern und Schlafplätzen. Bemalen Sie für die Vögel selbst die Innenseite einer Kiste mit der Flüssigkeit und halten Sie einen Vogel darin fünfzehn bis zwanzig Minuten lang. Ich ließ eine Box mit einem Fach von einem Quadratmeter anfertigen, damit wir sechs Vögel gleichzeitig behandeln konnten. Oben in jedem Fach befindet sich ein Loch, das groß genug ist, damit der Vogel seinen Kopf durchstecken kann, und außen stellen wir einen Trog auf , der leicht über dem Boden liegt, so dass die Vögel den Inhalt gerade noch erreichen können. Füllen Sie es mit kleinen Körnern, und sie sind die meiste Zeit beschäftigt, was sicherstellt, dass sie nicht erstickt werden, und ihre Hälse, die durch das Loch ragen, verhindern, dass der Waschdunst zu schnell entweicht. Natürlich muss jemand bleiben und ständig die Vögel beobachten; Andernfalls besteht die Gefahr, dass der Vogel den Kopf einzieht und erstickt. Um sicherzustellen, dass der Vogel vollkommen sauber ist, sollte die Begasung dreimal im

Abstand von jeweils drei Tagen wiederholt werden. Wenn die Ställe sauber gehalten werden und alle neuen Vögel gründlich begast werden, bevor sie in den Schwarm aufgenommen werden, ist es nicht notwendig, den gesamten Schwarm mehr als ein- oder zweimal im Jahr anzugreifen. Nester für Legehennen werden immer mit der Mischung ausgewischt, Brutställe erhalten einmal pro Woche eine Dosis. Sobald eine Henne Anzeichen dafür zeigt, dass sie brütet, wird sie mit Pulver besprüht, das gut in den „Flaum" der Federn eingerieben wird; Am zehnten und neunzehnten Tag wird sie dann wieder gut gepudert, und sobald die Küken eine Woche alt sind, erhält sie einmal pro Woche eine Dosis Pulver, solange sie mit ihnen brütet. Das Rezept für das Insektenpulver lautet wie folgt:

Zu einem Esslöffel frisch gelöschter Limette fügen Sie eine halbe Unze Karbolsäure hinzu. Sehr gründlich mischen und die gleiche Menge Tabakstaub hinzufügen. Ein weiteres Pulver, das Dr. Woods im selben Artikel empfiehlt und das ich sehr häufig verwendet habe, wird durch Mischen gleicher Teile fein gesiebter Kohleasche und Tabakstaub hergestellt und das Ganze dann mit dem flüssigen Lausvernichter befeuchtet . Lassen Sie es trocknen und es ist gebrauchsfertig. Fragen Sie beim Kauf von Karbolsäure nach neunzig Prozent. Andernfalls erhalten Sie höchstwahrscheinlich ein viel schwächeres Präparat, das nur für medizinische Zwecke geeignet ist.

DIE SITZENDE HENNE UND DER INKUBATOR

ZURÜCKDENKE , kommt es mir so vor, als hätte ich die Möglichkeiten meines neuen Unternehmens erst mit der Einweihung des ersten Brutkastens voll erkannt . Wie ich Ihnen bereits erzählt habe, habe ich im ersten Jahr alle Hühner zum Schlüpfen gebracht und trotzdem jede Henne eingesetzt, die den Wunsch zeigt, die Sorgen der Mutterschaft zu übernehmen, denn es scheint der Plan der Natur zu sein, die Eiermaschine in gutem Zustand zu halten. Wenn man einer brütenden Henne das Sitzen verweigert, dauert es mehrere Tage in der Einkerkerung, um ihr Verlangen zu brechen, dann noch mehrere Tage nach der Freilassung, bevor sie mit dem Legen beginnt, und das Sitzfieber befällt sie unweigerlich innerhalb weniger Wochen erneut. Jetzt dauert die Inkubation nur noch drei Wochen; Das Brüten der Küken dauerte weitere vier oder sechs Wochen, und Frau Biddy hatte eine völlige Ruhepause, gefolgt von kräftiger Bewegung beim Kratzen für ihre Babys. Wenn sie also in den Garten zurückgebracht wird, ist sie in einem perfekten Zustand, um Eier zu produzieren. Lassen Sie Biddy sitzen, wann immer sie will, aber warten Sie nicht auf ihr Vergnügen im zeitigen Frühjahr, denn dann haben Sie vielleicht keine jungen Hühner mehr, die Sie verkaufen könnten, wenn sie gute Preise bringen.

DIE AUSWAHL DES INKUBATORS

Es gibt sehr viele Inkubatoren auf dem Markt, von denen einige mit heißer Luft, andere mit heißem Wasser beheizt werden. Wenn Sie sich für eines der beworbenen Standardfabrikate entscheiden, erhalten Sie einen guten, praktischen Brüter. Jeder Maschine liegt eine gedruckte Aufbau- und Inbetriebnahmeanleitung bei, die jedoch für Laien nicht alle wichtigen Punkte hervorhebt . Viele Leute können eine Schraube nicht genau eindrehen und sind sich nicht darüber im Klaren , dass die Befestigung, die an der Maschine befestigt wird, aus dem Lot gerät, wenn der Kopf leicht nach rechts oder links gedreht wird Betroffen sind solche empfindlichen Geräte wie Thermostatstäbe (die Kraft, die die Wärme regelt). Ein Fehler liefert viel Wissen. Ich hätte nie die Notwendigkeit absoluter Genauigkeit erkannt , wenn nicht eine der Schrauben, die zur Befestigung der Lampenhalterung an unserem zweiten Inkubator verwendet wurden, leicht schief gegangen wäre. Dadurch berührte der Schornstein fast eine Seite des Stutzens, in den er passt. Dies wiederum zog die Flamme zur Seite und ließ sie nachts rauchen, wenn sie für zusätzliche Hitze aufgedreht wurde. Anscheinend war es ein sehr kleiner Fehler, aber er hätte den Brutkasten und den Schlupf fast ruiniert.

Um sicherzustellen, dass die Inkubatorbefestigungen richtig ausgerichtet sind, verwenden Sie eine Wasserwaage, die einzige sichere Orientierungshilfe. Nachdem Sie die Maschine gestartet haben, üben Sie sie einige Tage lang, bevor Sie die Eier hineinlegen. Wenn die Hitze einhundertzweieinhalb Grad erreicht hat und die Notdrehscheibe so breit wie ein Streichholz aus der Öffnung hängt, stellen Sie die Tabletts hinein, die, wenn sie kalt sind, die Hitze senken und die Skala schließen sollten, bis die Temperatur erreicht ist Die Tabletts werden warm, und das Thermometer in der Maschine zeigt wieder einhundertzweieinhalb an , während das Zifferblatt wieder eine Streichholzbreite über der Öffnung baumeln sollte. Sollte das Schließen und Öffnen aufgrund unterschiedlicher Hitze nicht erfolgen, ist die Maschine nicht richtig eingestellt und Sie müssen üben , bis sie den Test bestanden hat, bevor Sie die Eier hineinlegen.

Die Thermometer sollten vor dem Versand getestet worden sein, es ist jedoch ratsam, ein zusätzliches zu kaufen und sie zu vergleichen; oder beauftragen Sie Ihren Arzt, der mit Sicherheit über ein genaues Thermometer verfügt, dies für Sie zu tun. Der Eiertester wird mit dem Inkubator geliefert. Es handelt sich um einen trichterförmigen Schornstein aus Blech, der über die Lampe passt und über eine vorspringende, schwarz umrandete Öffnung verfügt, vor der die Eier gehalten werden. Der erste Test sollte am siebten Tag durchgeführt werden; der zweite am fünfzehnten Tag. Halten Sie das Ei mit der großen Seite nach oben vor die Öffnung. Wenn es vollkommen klar aussieht, ist es unfruchtbar und kann zur Fütterung junger Küken verwendet werden. Wenn es einen dunkelroten Fleck mit spinnenartigen Beinen aufweist, ist es fruchtbar und muss in den Brutkasten zurückgebracht werden. Abgestorbene Keime sind bei der ersten Untersuchung kaum zu erkennen, außer für den erfahrenen Blick. Bis zum fünfzehnten wird es auch dem größten Laien gelingen, sie zu entdecken.

Eine erfolgreiche Inkubation hängt in erster Linie davon ab, dass die in den verschiedenen Entwicklungsstadien erforderliche Menge an Wärme und Feuchtigkeit aufrechterhalten werden kann. Bei den meisten Inkubatoren ist ein Thermometer im Lieferumfang enthalten, bei Hygrometern jedoch noch nicht, daher empfiehlt es sich, eines zu kaufen. Da sie jeweils nur 1,50 US-Dollar kosten, wäre es sparsam und dumm, darauf zu verzichten. Diese beiden kleinen Instrumente, die die in der Maschine vorhandene Wärme- und Feuchtigkeitsmenge genau ermitteln , vereinfachen die Arbeit erheblich.

Ich persönlich mag es, wenn das Thermometer 102 Grad anzeigt und das Hygrometer 75 Grad, wenn ich die Eier zum ersten Mal in den Brutkasten lege. In der zweiten Woche wird die Hitze auf 102½ erhöht und die Luftfeuchtigkeit auf 70 Grad gesenkt. Die dritte Woche, Hitze von 102½ auf 103; Feuchtigkeit nicht über 45 bis zum neunzehnten Tag, dann steigt die Feuchtigkeit wieder auf 55 oder 60 Grad.

Der Grund für diese Feuchtigkeitsschwankungen bedarf möglicherweise einer Erklärung. In den ersten Phasen der Inkubation ist es notwendig, das Entweichen des im Ei enthaltenen Wassers zu verhindern, da es benötigt wird, um das Eiweiß im richtigen Zustand für die Entwicklung des Keims zu halten. Nach dem zehnten Tag, wenn sich der Embryo gebildet hat, sollte man das Wasser allmählich verdunsten lassen, damit die Luftmenge in der Schale zunimmt, die für die Blutzirkulation und das Wachstum des Kükens erforderlich ist. Eine erneute Erhöhung der Feuchtigkeit am neunzehnten Tag dient lediglich dazu, die Innenhaut des Eies aufzuweichen und dem Küken das Durchbrechen zu erleichtern.

Wenn zusätzliche Feuchtigkeit zugeführt werden soll, stellen Sie eine Pfanne mit nassem Sand oder einen feuchten Schwamm auf den Boden des Inkubators. Steht die Maschine in einem sehr feuchten Keller, besteht die Schwierigkeit oft eher darin, die Feuchtigkeit niedrig zu halten als sie zu erhöhen.

Halten Sie in diesem Fall beim täglichen Wenden der Eier die Schalen länger von der Maschine fern und öffnen Sie die Ventilatoren. Der wahrscheinlich sicherste und einfachste Weg, um zu lernen, wie man diesen wichtigen Feuchtigkeitspunkt misst, besteht darin, gleichzeitig mit dem Start des Brutkastens eine Henne einzustellen und dann alle paar Tage die Entwicklung der Luftzelle im Ei zu vergleichen. Wenn die Entwicklung zu langsam ist, öffnen Sie die Ventilatoren an der Seite des Brutkastens weiter und lüften Sie die Eier jeden Tag etwas länger, wenn Sie die Schalen zum Wenden der Eier herausgenommen haben. Kehren Sie das Ganze um, wenn die Entwicklung zu schnell erfolgt. Vor allem in den letzten Tagen ist es besser, die Maschine ein bis zwei Grad über der angegebenen Temperatur laufen zu lassen als darunter.

Öffnen Sie den Brutkasten nach dem Morgen des zwanzigsten Tages nicht, bis der Brutvorgang beendet ist, oder bis spät am zweiundzwanzigsten Tag, und werden Sie nicht nervös, wenn die Temperatur auf einhundertvier oder sogar einhundertund steigt fünf; Es wird durch die tierische Hitze der Küken verursacht und schadet ihnen nicht. Wenn Sie die Lampe leicht herunterdrehen, verringert sich natürlich die Hitze. Achten Sie jedoch darauf, dass der Wert in den letzten vierundzwanzig Stunden nicht unter einhundertdrei sinkt. Niedrige Temperaturen verlängern die Brutzeit, schwächen die Hühner und machen sie anfällig für alle möglichen Krankheiten.

Ich halte einzelne Brutkästen im Freien für die besten, denn bei sehr kaltem Wetter können sie in einem hellen Nebengebäude aufgestellt werden. Früher habe ich die Sommerküche von Februar bis April in Anspruch genommen und sie dann im Obstgarten aufgestellt. Das Überdachen eines Brutkastens im Freien dient eigentlich nur der Bequemlichkeit des Bedieners, da er sturmsicher ist. Wenn Sie mit einem Brutkasten beginnen, der einhundertzwanzig bis einhundertsechzig Eier fasst, benötigen Sie zwei Brutapparate, und wenn Sie sich in einer kalten oder nördlichen Gegend befinden, ein kleines Haus, das bei sehr kaltem Wetter geheizt werden kann, wenn Sie damit beginnen möchten im Januar ausbrüten. Ein Brutkasten, der für einhundert Hühner ausgelegt ist, bietet ausreichend Platz für etwa neun Tage, danach sollten nicht mehr als fünfzig darin gehalten werden. Daher sind zwei Brutapparate notwendig. Wenn die Küken bei kaltem Wetter sechs Wochen und bei gemäßigtem Wetter vier Wochen alt sind, können sie in das kleine Haus gebracht werden (dessen Temperatur nachts bei 60 Grad gehalten werden sollte). Denken Sie daran, dass die Inkubation nur einundzwanzig Tage dauert. Sie müssen also mindestens drei Wochen verstreichen lassen, bevor Sie den Inkubator ein zweites Mal starten.

Geben Sie dem Brutkasten innen eine gute Schicht Tünche, bevor Sie ihn verwenden. Decken Sie die Trommel, die beim Schweben für die Wärme sorgt, mit zwei oder drei Lagen Flanell ab, damit die kleinen Körper sich daran weich anschmiegen können. Decken Sie den Boden des Schweberaums mit einem Stück alten Teppichs oder Filz ab und den Außenraum mit Mähgut. Lassen Sie die Heizung mehrere Stunden lang konstant bei 95 Grad laufen, bevor Sie die Küken hineinsetzen, und lassen Sie sie die ersten sieben bis acht Tage bei dieser Hitze. Lassen Sie es dann allmählich auf 75 Grad sinken. Natürlich meine ich die Hitze unter dem Schwebeflug. Der Rest des Brutkastens wird – und sollte – mehrere Grad niedriger sein.

DIE PFLEGE DER KÜKEN IM BRÜTER

Bewahren Sie frisches Wasser in Gefäßen auf, in die die Küken im Außenfach nur ihre Schnäbel bekommen können. Vergessen Sie nie, darauf zu achten, dass sie alle in der Abenddämmerung sicher an die Hitze gekuschelt sind.

Lassen Sie die Küken in den hellen, sonnigen Stunden mitten am Tag viel frische Luft im Spielzimmer haben; Zur Fütterungszeit, wenn alle beschäftigt sind, lüften Sie den Schweberaum gründlich.

Wenn Biddy brütet, denken Sie daran, dass sie mit ziemlicher Sicherheit mit etwas gutem Insektenpulver bestäubt werden muss. Der Nistkasten, in dem sie saß, hätte gereinigt und eine Handvoll Kampferkugeln unter dem Heu des Nestes verstreut werden sollen. Darüber hinaus sollte jede Henne vor dem Absetzen abgestaubt werden, zweimal während der einundzwanzig Tage, drei Tage nach dem Schlüpfen und jede Woche, solange sie die Küken brütet.

Frische Luft, Wärme und gutes Essen verhindern viele Beschwerden, die kaum zu heilen sind, wenn sie einmal aufgetreten sind; Achten Sie also auf die kleinen Dinge.

Für die ordnungsgemäße Verdauung und Aufnahme des Eigelbs, das vom Bauch aufgenommen wird, unmittelbar bevor das Küken die Schale durchbricht, müssen 30 Stunden eingeplant werden. Wenn Biddy geschlüpft ist, bringen Sie sie 24 Stunden lang nicht in den Brutstall, es sei denn, sie ist unbeständig und verlässt immer wieder das Nest. In diesem Fall ist es besser, die Küken bis dahin in einer abgedeckten Kiste neben dem Küchenherd aufzubewahren Eine weitere mütterliche Henne kann überredet werden, sie zu adoptieren. Versuchen Sie immer, zwei oder drei Hennen gleichzeitig zu setzen. Gute Hühner, die gut ernährt sind und nicht von Ungeziefer belästigt wurden, machen in den letzten 24 Stunden selten Probleme.

So diversifizieren Sie die Tagesration

Nun zur alles entscheidenden Frage der Fütterung: Besorgen Sie sich in den ersten zwei bis drei Tagen zehn Pfund Raps- und Hirsesamen, Stecknadelkopf-Haferflocken und geschroteten Mais, Holzkohle und feinen, scharfen Splitt. Alles vermischen. Wenn Sie keine Stecknadelkopf-Haferflocken bekommen, kaufen Sie geschälten Hafer und zerkleinern Sie ihn fein. Das Korn muss außerdem ganz fein gebrochen sein; Tatsächlich ist es sicherer, die Mischung durch ein Sieb zu geben, durch das nichts Größeres als Hirse passieren kann. Dann besteht keine Gefahr, dass die Küken erstickt werden. Verteilen Sie die Mischung über den Müll, um die Küken zum Kratzen und zur Bewegung anzuregen.

Machen Sie morgens und abends einen Brei, indem Sie ein hartgekochtes Ei, die Schale und alles, Frühlingszwiebelspitzen oder Sprossen zerkleinern. Mit altbackenen Semmelbröseln vermischen und auf einem flachen Tortenteller oder Holzstreifen verteilen. Nachdem die Küken zwei Wochen alt sind, müssen Hafer und Mais nicht ganz so fein sein, sondern eher die Größe von Hanfsamen haben, die der Mischung hinzugefügt werden können; Dies gilt auch für geschroteten Weizen oder Gerste, und der Brei kann aus gemahlenem Mais und Hafer, mit Zwiebeln und gehackter Brühleber, dreimal pro Woche (etwa eine kleine Tasse bis zu einem Liter Brei) hergestellt werden.

Was ich mit verbrühter Leber meine, ist, dass man die Leber in einen Kessel mit kochendem Wasser gibt und einmal aufkochen lässt. Im Wasser abkühlen lassen . Ziemlich roh ist es zu stark für kleine Küken. Zur Abwechslung mische ich das Getreide zwei- bis dreimal pro Woche mit kochender Milch. Machen Sie niemals mehr auf einmal, als in den nächsten Stunden gefüttert wird, da es sonst sauer wird.

Topfkäse ist ein beliebtes Gericht zu Geflügel und sehr bekömmlich. Wenn Sie zu Darmbeschwerden neigen, geben Sie ihnen statt Trinkwasser Reiswasser.

Halten Sie Brutkästen und Brutställe sauber und trocken. Das Gras rund um die Ställe sollte locker geschnitten werden, damit die Küken problemlos herumlaufen können. Achten Sie darauf, dass jeder Hühnerstall nachts geschlossen ist, und lassen Sie die Küken nicht raus, solange das Gras feucht ist. Geben Sie den Hühnern im Winter nicht zu viele Küken zum Brüten, denn wenn sie diese nicht in ihrer Nähe halten können, sterben sie an Kälte.

AUFZÜCHTUNG FRÜHER BRILTER

EIN eigenständiger Zweig des Geflügelgeschäfts, der für diejenigen, die ihn erfolgreich betreiben, äußerst profitabel ist, ist die Aufzucht junger Küken im Winter für frühe Masthähnchen. Um im Großen zu beginnen, ist ebenso viel Kapital erforderlich, aber es gibt Hunderte von Menschen, die auf ihrem Gelände Unterkünfte haben, die es ihnen ermöglichen würden, im Kleinen zu beginnen, und durch die Investition der Gewinne aus dem ersten Jahr könnten sie ein echtes Kapital erzielen gute Ausstattung für das Unternehmen.

Natürlich sollte der eigentliche Ausgangspunkt ein guter Schwarm gesunder Hühner sein, alle derselben Rasse, vorzugsweise Wyandottes oder Rocks, denn tatsächlich hat die Henne, die das Ei legt, genauso viel mit dem Erfolg bei der Masthähnchenzucht zu tun wie mit der Pflege man darf dem Geschäft schenken.

Als nächstes kommt es auf einen gut konstruierten neuen Inkubator an. Lassen Sie sich nicht dazu verleiten, eine gebrauchte Maschine zu kaufen, die normalerweise in einem feuchten Keller oder in einem Außenschuppen gestanden hat, während sie nicht benutzt wurde, denn sie wird sich höchstwahrscheinlich verziehen oder kaputt gehen, wenn sie wieder in Betrieb genommen wird .

Brüter kommen auf der Liste an dritter Stelle, sind aber genauso wichtig wie die beiden oben genannten, denn es hat keinen Sinn, ein Küken auszubrüten, wenn es nicht aufgezogen werden kann, und die Hitze und Belüftung der künstlichen Mutter ist mehr als die halbe Miete.

Die moderne Broileranlage besteht aus einem Brutkeller, einer Aufzuchtstation oder einem Brutstall, wie er üblicherweise genannt wird, und einem Broilerstall. Beide letzteren sind in kleine Buchten unterteilt, die etwa zwei Fuß breit und fünf Fuß lang sind. Im Aufzuchthaus sind die oberen Enden der Ställe wie Kästen bis zu einer Tiefe von etwa anderthalb Fuß umschlossen und mit Warmwasserleitungen durchzogen, um den Küken Wärme zum Brüten zu liefern. Ein in Streifen geschnittener Flanellvorhang fällt von der Oberseite des geschlossenen Teils herab, um ihn vom Rest des Geheges zu trennen, das bis zur Außenwand des Hauses reicht, wo ein großes Fenster Licht und Sonne hereinlässt. Die Bretterböden in den Ställen sollten leicht über dem Hauptboden liegen, um Feuchtigkeit zu vermeiden, und die Unterteilungen bestehen aus einem etwa neun Zoll hohen Fußbrett und einem darüber liegenden, zwei Fuß hohen Netz. Das Bruthaus ist auf die gleiche Weise aufgeteilt, die Warmwasserleitungen verlaufen jedoch nur um die Hauswände herum, da die Vögel nach dem Verlassen der Kinderstube im Alter von fünf Jahren nicht die unmittelbare Wärme zum Brüten benötigen oder sechs Wochen alt.

Aber bis Sie sich die richtige Ausrüstung leisten können, können ein oder zwei Inkubatoren im Keller des Hauses oder in einem ungenutzten Raum betrieben werden, in dem es keine andere Wärme gibt. Anstelle der Kinderstube und des Bruthauses können einzelne Brutapparate verwendet werden, wenn Sie über ein leichtes Nebengebäude verfügen, in dem Sie sie aufstellen können. Tatsächlich gefallen mir die einzelnen Brutapparate für die Brutzeit besser als das Röhrenstallsystem , weil es nur so funktioniert Es ist notwendig, so viele zu heizen, wie benötigt werden, und mit dem Rohrsystem muss das gesamte Haus beheizt werden, auch wenn Sie nur einen Abschnitt nutzen.

Die meisten auf dem Markt erhältlichen Brüter verschiedener Hersteller sind mit zwei Fächern ausgestattet: einer Kammer mit einem runden Schwebekörper, der mit einer Lampe erhitzt wird, und einem Außenfach für Bewegung und Fütterung. Der Durchschnittspreis beträgt neun Dollar, und die Maschinen sollen einhundert Hühner fassen, aber fünfundsiebzig sind völlig ausreichend; und selbst diese Zahl sollte in der zweiten Woche auf fünfzig und in der vierten Woche auf fünfundzwanzig gesenkt werden – das heißt, wenn die Küken ausschließlich im Brutkasten gehalten werden sollen. Wenn es jedoch in einem warmen Raum steht, in dem auf dem Boden des Hauses ein kleines Außengehege als Spielzimmer eingerichtet werden kann, können in einem Brutkasten fünfzig Küken bis zum Brutalter befördert werden.

Speziell für den Masthähnchenhandel geschlüpfte Küken müssen stetig vorangetrieben werden; pralles, saftiges Fleisch ist das Hauptziel. Die erste Voraussetzung ist Wärme. Lassen Sie das Abteil, in dem sich der Schweber befindet, vor dem Einsetzen der Küken auf 98 Grad vorheizen und halten Sie es die ersten drei Tage und Nächte lang so. Halten Sie die Tür im Außenfach ebenso lange geschlossen. Am vierten Tag kann es geöffnet werden und den Küken erlaubt werden, hineinzulaufen, aber der Raum, in dem der Brutkasten steht, sollte warm sein und die Kleinen sollten bis zur Schlafenszeit bewacht werden, denn sie neigen dazu, im äußeren Abteil zu bleiben kalt werden.

Für junge Küken ist es tödlich, auch nur für kurze Zeit gekühlt zu werden, denn wenn es nicht sofort tötet, verursacht es Darmbeschwerden und bereitet ihnen einen schlimmen Rückschlag, der den Tag der Vermarktung sicherlich verzögern wird, wenn nichts Schlimmeres passiert. Nach drei Wochen kann die Tür im Außenfach geöffnet werden, sodass die Tiere auf den Zimmerboden laufen können. Sorgen Sie dafür, dass genügend Kratzmaterial vorhanden ist. Wenn das Wetter schön und mild ist, tut es ihnen gut, sie mitten am Tag ein oder zwei Stunden draußen laufen zu lassen, aber beeilen Sie sich nicht, sie abzuhärten, bevor sie fünf Wochen alt sind. denn es ist ein riskantes Experiment.

Wenn Wyandotte-Hühner geschlüpft sind, wiegen sie 60 Gramm. Wenn alles gut geht , sollten sie in den ersten zehn Tagen zwei Unzen zunehmen; vier Unzen für die dritte Woche; in der vierten Woche noch einmal zwei Unzen, und am Ende der achten Woche sollten sie zwei Pfund wiegen.

Das gesamte Leben eines Huhns, das für einen Masthähnchen bestimmt ist, ist so künstlich, dass nur wenige oder gar keine der Regeln für die Aufzucht gewöhnlicher Küken auf sie angewendet werden können. Das große Ziel besteht darin, sie so schnell wie möglich zu entwickeln, denn um den besten Preis zu erzielen, muss ein Broiler schnell wachsen und prall sein.

Wie alle frisch geschlüpften Vögel dürfen sie in den ersten 36 Stunden nichts zu fressen haben. Danach sollte kommerzielles Kükenfutter (eine Mischung aus allerlei kleinen Samen und geschroteten Körnern) zehn Tage lang ihre einzige Nahrung sein.

Wenn nur kleine Mengen Küken gefüttert werden müssen und Geld wichtiger ist als Zeit, ist es günstiger, das Futter zu Hause zu mischen. Nehmen Sie je einen Liter fein gemahlenen Mais, Kleie und geschälten Hafer; Mischen Sie es mit der gleichen Menge Goldhirse, Raps, Kafir-Mais und sehr scharfem, feinem Kies, zerstoßener Holzkohle und fein gehacktem Kleeheu. Gründlich mischen und dann durch ein feines Sieb passieren, um sicherzustellen, dass keine großen Mais- oder Haferstücke übrig bleiben, an denen sich die Babys ersticken könnten. Für die drei Tage, in denen sie in der Schwebeabteilung bleiben, stellen sie in jede Ecke einen kleinen Topf mit der Mischung und füllen anstelle von Wasser einen kleinen Trinkbrunnen mit Milch, die überbrüht und abgekühlt wurde. Lassen Sie es zehn bis fünfzehn Minuten lang stehen, morgens, mittags und noch einmal gegen 15:00 Uhr. Es darf nicht die ganze Zeit stehen bleiben, da es durch die Hitze des Schwebens sauer wird.

Nachdem ihnen Zugang zum äußeren Abteil gewährt wurde, sollte gemischtes Getreide auf das geschnittene Heu (oder was auch immer zum Bedecken des Bodens verwendet wird) gestreut werden, damit die Küken kratzen müssen, was sie dazu zwingt, sich für ein gesundes Wachstum ausreichend zu bewegen. Der Plan ist, wenig und oft zu füttern. Die Milch kann im Außenfach stehen gelassen werden, der Brunnen muss jedoch täglich gründlich gereinigt und ausgebrüht werden.

Nach dem zehnten Tag kann die Tür des Außenabteils geöffnet werden und den Küken weitere Freiheit gegeben werden, wenn im Gebäude ein Ofen zur Erwärmung der Atmosphäre vorhanden ist; Ist dies jedoch nicht der Fall, lassen Sie sie erst im Alter von vier Wochen aus dem Brutkasten. In jedem Fall muss die Ernährung nach dem zehnten Tag leicht umgestellt werden. Dämpfen Sie etwas gehacktes Kleeheu – etwa einen Liter – und fügen Sie einen halben Liter grobes Maismehl, einen halben Liter gemahlenen Hafer und eine halbe kleine Tasse gehackte Leber hinzu, die fünf Minuten lang gekocht wurde (rohe Leber ist zu stark dafür). solche jungen Vögel, aber es sollte nicht länger als fünf Minuten gekocht werden). Einmal täglich mittags füttern. Geben Sie den Brei auf zwei oder drei Schüsseln, damit alle gleichzeitig etwas essen können. Entfernen Sie nach zehn Minuten alle Reste. Wenn es nicht möglich ist, frische Leber zu bekommen, verwenden Sie einen Teelöffel Rindfleischmehl oder eine handelsübliche Fleischzubereitung, die fein gemahlen ist. Streuen Sie die trockenen Körner weiterhin dreimal täglich aus.

Wenn sie vier Wochen alt sind, geben Sie ihnen zweimal täglich, etwa um 9:00 Uhr und um 14:00 Uhr, Brei, wobei Sie die Fleischmenge leicht erhöhen; und wenn Sie reichlich Magermilch haben, machen Sie Hüttenkäse und geben Sie ihn ein- oder zweimal pro Woche als Extra. Halten Sie ab der vierten Woche immer eine Pfanne mit Sand und Holzkohle bereit. Nachdem sie sechs Wochen alt sind, erhöhen Sie die Menge an Maismehl in der Maische und verringern Sie entsprechend die Menge an gemahlenem Hafer, bis das gesamte Maismehl und kein Hafer mehr verwendet wird. Hören Sie außerdem auf, den Klee zu dämpfen, und mischen Sie ihn trocken mit den anderen Zutaten. Befeuchten Sie dann den Brei mit der Brühmilch, in der Talg gekocht wurde (ein Pfund gehackter Talg auf vier Liter Milch). Fünfzehn Minuten kochen lassen. Füttern Sie es dreimal täglich – 9:00 Uhr, 12:00 Uhr und 15:00 Uhr. Lassen Sie in den letzten zwei Wochen vor dem Töten das gesamte trockene Getreide weg; Füttern Sie nichts als Brei, zubereitet wie zuvor, nur so weich wie möglich, ohne schlampig zu sein. Füttern Sie viermal am Tag so viel, wie sie in zehn Minuten fressen, aber lassen Sie das Futter auf keinen Fall länger vor sich liegen, sonst werden sie satt. Vorgeschobene Vögel sollten im Alter von zehn bis zwölf Wochen in gutem Zustand für den Markt sein.

Unsere Masthähnchen bekommen kein Wasser zu trinken, sondern immer Brühmilch. Brühmilch verhindert ausnahmslos jede Neigung zu Darmbeschwerden und ist außerdem ein wichtiger Faktor dafür, dass das Fleisch zart und saftig wird.

Der Geflügelhof in der Zwischensaison

KÜKENBABYS sind so hübsch und wecken so stark das sentimentale Gefühl, das die meisten Menschen gegenüber Babysachen hegen, dass sie immer gut versorgt werden, bis sie von Neuankömmlingen abgesetzt werden oder die halbwüchsige, langbeinige Phase der schlaksigen Hässlichkeit erreichen . Dann werden sie mit ziemlicher Sicherheit vernachlässigt, insbesondere vom Amateur, der nicht erkennt , dass die Zwischenstufen von größter Bedeutung sind. Es ist Zeit- und Geldverschwendung, die Küken im Winter ausbrüten und die Hühner stark füttern zu lassen, wenn sie während des Wachstums eine Stillstandsphase erreichen dürfen.

Wenn die Küken acht Wochen alt sind, sollten sie von ihren Müttern getrennt und die Familien aufgeteilt werden. Die jungen Junghennen werden in Kolonieställe in einem Obstgarten oder einer teilweise schattigen Wiese verbannt, wo sie ausgedehnte Freilandhaltung haben. Die Hähnchen werden in halbgehegten Höfen gehalten, da ihr letztes Schicksal die Bratpfanne ist, was einen kräftigen Körper erfordert, während Freilandhähne nur Körperbau und Muskeln entwickeln würden.

Unsere Koloniehäuser sind sechs Fuß lang, drei Fuß breit, vorne 36 Zoll hoch und hinten 24 Zoll hoch. Sie bestehen aus hellem Kanthölzer; Die Enden, die Rückseite und das Dach sind mit Dachpappe bedeckt , und die Vorderseite ist bis auf 20 Zoll über dem Boden mit ungebleichtem Musselin bedeckt, was eine perfekte Belüftung gewährleistet und verhindert, dass Regen auf die Vögel eindringt, wenn sie sich auf den Schlafplätzen befinden, die dort sind einen Fuß vom Boden und neun Zoll von der Rückseite des Stalls entfernt befestigt. In der Mitte jedes Endes des Käfigs werden zwei Löcher im Abstand von neun Zoll gebohrt, durch die ein schweres Seil geknotet wird, um Griffe zu bilden.

Da die Ställe keinen Bodenbelag haben und die gesamte Konstruktion leicht ist, können sie jede Woche leicht auf frischen Boden gebracht und so ohne großen Aufwand sauber gehalten werden, ein wichtiger Punkt, wenn große Mengen verbraucht werden. Da wir einen großen Obstgarten hatten, stellten wir die Ställe in Reihen von zehn Metern Abstand auf, da zwei Seiten des Obstgartens an ein Waldgebiet grenzen, durch das ein nie versiegender Quellbach fließt, so dass die Vögel ein herrliches Verbreitungsgebiet haben.

In jedem Stall werden zwanzig Vögel untergebracht. In der ersten Woche wird vor jedem Stall ein tragbarer Hof von fünf Fuß Länge aufgestellt, damit die jungen Küken nicht wegwandern und sich verirren können, was in fremden Quartieren mit Sicherheit der Fall wäre. Während dieser Zeit werden im Stall ein Futtertrichter und ein Trinkbrunnen aufgestellt. Wenn

der Hof entfernt wird, wird auf die einzelnen Gefäße verzichtet und große
Tränkewannen und Futtertrichter in der Mitte zwischen jeweils vier Ställen
aufgestellt, um den Zeit- und Arbeitsaufwand bei der Pflege der Vögel zu
reduzieren.

DER GEFLÜGELHOF

Die großen Trichter sind nichts weiter als Kisten, fünf Fuß lang, zwei Fuß
breit und sechs Zoll tief, über die eine A-förmige Abdeckung aus Lamellen
im Abstand von einem Zoll gelegt wird, um zu verhindern, dass die Vögel in
die Kiste gelangen und sie zerkratzen Getreide auf den Boden, wo es
verschwendet wird. Für Wasser werden 5-Gallonen-Fässer mit
automatischer Entleerung verwendet, die eine kleine Pfanne ständig gefüllt
hält. Sowohl Futter als auch Wasser werden unter einem rauen Unterstand
untergebracht, um sie vor Sonne und Regen zu schützen. Bei solch großen
Behältern ist es nur notwendig, diese alle zwei Tage zu füllen.

Das Futter besteht aus einem trockenen Brei, bestehend aus zehn Pfund
Weizenkleie, zehn Pfund gemahlenem Hafer, einem Pfund weißem
Futtermehl , einem Pfund althergebrachtem Ölmehl und zehn Pfund
Rinderresten, alles gut vermischt. Darüber hinaus erhalten sie nachts ein
Futter aus Weizen und Schrotmais – zwei Teile des ersteren und ein Teil des
letzteren. Etwa ein halbes Pint wird gegen 16 Uhr vor jedem Hühnerstall
verteilt

Splitt wird in großen Mengen geliefert. Da wir uns in der Nähe eines
Steinbrechers befinden, kaufen wir das Rechengut in Wagenladungen und

lagern es auf Haufen am Rande des Obstgartens ab, wo es zwar nicht sichtbar, aber für die Küken gut zugänglich ist.

Mit diesen Rationen werden die Junghennen ohne jede Variation bis September gehalten, dann werden sie in ihre Winterquartiere gebracht – Häuser mit einer Breite von zwölf Fuß, einer Höhe von zehn Fuß an der Vorderseite und einer Neigung von bis zu acht Fuß an der Rückseite. Jedes Haus ist durch ein Drahtgeflecht in zwölf Fuß lange Abteile unterteilt, in denen jeweils vierzig Vögel gehalten werden.

Die Winterfütterung beginnt, sobald sich die Vögel in ihren Häusern niedergelassen haben, und besteht aus dem gleichen Brei wie auf der Weide, mit der Ausnahme, dass zehn Pfund Maismehl und anstelle der zehn Pfund handelsüblicher Rindfleischreste sechzehn Pfund hinzugefügt werden Es wird ein frisch gebrochener grüner Knochen verwendet, und anstatt ihn ständig vor sich zu haben, wird er einmal am Tag gefüttert, genau so viel, wie er in fünfzehn Minuten sauber auffrisst.

Bis vor drei Jahren haben wir die Maische angefeuchtet und um acht Uhr morgens gefüttert. Jetzt füttern wir es trocken, um 14 Uhr; Nachts Weizen, Bruch- und Vollkorn, verstreut über geschnittenes Stroh, das den Boden des Hauses bedeckt. Die Proportionen betragen drei Pfund Vollkorn, ein Pfund Weizen und zwei Pfund gebrochener Mais. Die Vögel sind immer begierig auf den ganzen Mais, und während sie umherlaufen, um ihn aufzusammeln, werden der gebrochene Mais und der Weizen in die Streu geschüttet, sodass sie nachts nur den ganzen Mais bekommen, der ihre Ernte auffüllt und hält sie bis zum Morgen warm, wenn das feine Korn sie zum Kratzen anregt – eine kräftige Bewegung, die ihren Blutkreislauf in Schwung bringt und sie bis 8 Uhr morgens beschäftigt, wenn die Trinkbrunnen mit heißem Wasser gefüllt werden.

Als Grünfutter verwenden wir Mangold, Kohl und Raps, bis der Frost den Vorrat zerstört, danach greifen wir auf Kleeheu zurück, gehackt und gedünstet. Es wird gegen 11 Uhr morgens gefüttert, ein großer Topf voll in jedes Fach, und gleichzeitig wird ein halber Liter Weizen und Haferflocken auf dem Boden verstreut. Scharfer Sand und Austernschalen liegen immer vor ihnen, und bei sehr kaltem Wetter werden die Trinkbrunnen um elf und drei Uhr wieder mit heißem Wasser gefüllt.

Wenn Sie keinen Obstgarten oder einen anderen teilweise schattigen Platz für Ställe haben, müssen Sie Schutzräume errichten, in denen sich die Vögel während der Tageshitze ausruhen können. Jedes Material und jede Form reicht aus, solange der Schutz vor der Sonne gewährleistet ist. Wenn Freilandhaltung völlig unmöglich ist (was bei Geflügelhaltern in Vorstädten häufig der Fall ist), müssen den Vögeln möglichst große Weiden zur Verfügung gestellt und mit viel Kratzmaterial versorgt werden, über das zwei- bis dreimal täglich kleine Körner gestreut werden müssen. Frische grüne Knochen sind besser als Rindfleischreste. Unter solchen Umständen ist eine pflanzliche Ernährung unerlässlich. Säen Sie ein großes Stück Mangold; Es handelt sich um eine echte Cut-and-Come-Again-Pflanze. Auch Hafer und Raps sind nützliche Nutzpflanzen für Geflügelhalter, die ihren Vögeln den ganzen Sommer über Freilandhaltung ermöglichen können.

Ein Wort der Warnung: Wenn Sie nur Gras schneiden oder Rasenschnitt verwenden müssen, achten Sie darauf, dass Sie ihn in kurze Stücke von nicht mehr als einem Zoll schneiden, da die Vögel sonst an die Ernte gebunden werden könnten.

Die Hähne, die in den Marktstall kommen, werden so schnell wie möglich gemästet und verkauft, mit Ausnahme der wenigen, die wir als Viehbestand halten. Diese erhalten große Höfe und werden auf die gleiche Weise gefüttert wie Junghennen auf der Weide.

Zur Mast von Vögeln verwenden Sie gemahlenen Mais und Hafer zu gleichen Teilen, fügen einen halben Teil Holzkohle hinzu und befeuchten das Ganze mit Magermilch. Geben Sie reichlich grünes Futter und scharfes Korn. Füttern Sie wenig und oft. Alle Anstrengungen müssen in Marketingfragen genutzt werden, denn jeder Tag Verzögerung nach Erreichen des Wunschgewichts ist ein toter Verlust.

Ständiges Aussortieren und Marketing ist eines der großen Erfolgsgeheimnisse. Ebenso streng muss bei der Auswahl des Winterbestandes auf die Keulung geachtet werden. Entsorgen Sie fehlerhafte Vögel. Es gibt immer welche in jedem Schwarm, auch wenn die Eltern Vögel Blauband-Exemplare waren: krumme Schwänze oder Füße, Ohrläppchen, die rot statt weiß oder weiß statt rot sind, je nachdem, welche Art Sie halten. Wyandottes , Orpingtons , Plymouth Rocks, Brahmas oder Cochins sollten alle leuchtend rote Ohrläppchen haben. Livorno, Menorcas und Andalusier sollten reinweiß sein. Es handelt sich um ein helles, energisch aussehendes Junghennen, das die besten Legehennen abgibt, und es lohnt sich nicht, nur die besten Legehennen zu behalten, also stecken Sie sie in kleine Ställe und mästen Sie sie. Die jungen Hähne bringen im Herbst gute Preise, und ihre Abwesenheit vom Hof reduziert die Futterrechnungen und verhindert, dass es im Haus zu eng wird, was immer katastrophal ist.

Zögern Sie nach dem 1. September nicht, die Junghennen in ihre Winterquartiere zu bringen, denn es ist äußerst wichtig, dass sie sich an ihre neue Umgebung gewöhnen und sich mit dem Wechsel von der Freilandhaltung zur Halb-Inaktivität abfinden. Es dauert oft fünf oder sechs Wochen, bis sie sich an die neuen Bedingungen gewöhnt haben, und wenn sie keine Zeit haben, sich anzupassen, beginnen sie erst mit dem Legen, wenn das kalte Wetter einsetzt, was bedeutet, dass die Eierernte wahrscheinlich ausfällt unrentabel verzögert.

JULI IM GEFLÜGELHOF

ES ist seltsam, dass außer den echten Geflügelzüchtern nur wenige Menschen erkennen , dass der Juli einer der wichtigsten Monate des Jahres ist. Der Wunsch, auch bei kaltem Wetter Eier zu haben, zwingt die Hühner im Winter unweigerlich dazu, ihnen besondere Aufmerksamkeit zu schenken. Küken wecken im Frühling das Interesse, aber wenn das Wetter wärmer wird, gibt es reichlich Eier, und die hübschen, flauschigen Babys haben sich zu langen, schlaksigen Geschöpfen entwickelt, die nichts anderes als ein Ärgernis zu sein scheinen, das speziell dazu bestimmt ist, den Garten zu zerstören, so wie es bei den armen Geschöpfen der Fall ist in kleinen Räumen eingesperrt und kläglich vernachlässigt. Im Herbst und Winter werde ich immer wieder gefragt, wie man Junghennen und Hennen zum Legen bringt, aber ich kann selten Abhilfe schaffen, weil es in neun von zehn Fällen auf Fehler zurückzuführen ist, die im vorangegangenen Sommer begangen wurden.

Ich glaube nicht daran, den Garten den Hühnern zu opfern, aber ich bin der Meinung, dass sie ordnungsgemäß kontrolliert werden sollten. Eine fünf Fuß hohe Rolle Drahtgeflecht mit einer Maschenweite von 5 cm kostet nur etwa vier Dollar. Bei dem heutigen Eierpreis reichen ein paar Dutzend dafür aus. Auf den meisten Farmen können Pfähle in den Wald geschlagen werden, sodass ein Hof für eine große Herde leicht für weniger als fünf Dollar gebaut werden kann. Am besten ist es, in der Mitte einen Trennzaun anzubringen , damit die Vögel abwechselnd in einer Hälfte eingesperrt werden können , denn auf diese Weise kann der Vorrat an Grünfutter bis zum Frost wachsen. Der Boden sollte gepflügt und mit Roggen oder Hafer gesät werden, bevor der Draht angebracht wird. Wenn Geflügel profitabel sein soll, müssen Alt- und Jungvieh getrennt gehalten werden, denn zusammen ist eine richtige Fütterung nicht möglich. Junge Vögel brauchen reichlich nahrhaftes Futter, um sich schnell fortzubewegen, und Legehennen müssen spezielle Rationen erhalten, um eine frühe Häutung zu bewirken, die die Grundlage für eine gute Versorgung mit Eiern im Winter ist.

Ungefähr am 5. Juli beginnt man, das Futter schrittweise zu reduzieren, bis am Ende von zwei Wochen vierzig Hühner nur noch einen halben Liter Hafer und einen halben Liter Weizen gemischt bekommen, nachts und morgens. Verteilen Sie es zwischen geschnittenem Stroh oder etwas Einstreu, sodass sie nach jedem Korn kratzen müssen. Am 1. August beginnen sie , die Rationen zu erhöhen, und halten dies eine Woche lang aufrecht, so dass sie am 15. morgens zwei Liter Brei, mittags einen Liter Fleischreste und mittags ein halbes Liter gebrochenen Mais und Weizen usw. bekommen Hafer oder Gerste in der Nacht. Geben Sie ihnen so viel, wie sie in fünfzehn Minuten sauber auffressen. Der Morgenbrei sollte aus zwei Teilen gemahlenem Futter (Mais und Hafer), einem Teil weißem Futtermehl und einem Teil Ölmehl bestehen, gemischt mit kochender Milch oder Wasser. Der Halbhunger, gefolgt von der starken Fütterung, erzwingt die Mauserzeit und gibt genügend Zeit, um sich vor Oktober auszufedern und in Form zu bringen, wenn ihre Rationen aus den für die Eierproduktion lebenswichtigen Dingen bestehen sollten, nämlich Kleeheu, Kleie, Weizen, Mais und Tierfutter.

Wissen Sie, es dauert etwa drei Monate, bis Hennen ihre alten Federn loswerden und ein neues Fell anziehen, und wenn dieser Prozess nicht auf irgendeine Weise erzwungen wird, werden sie nicht vor August damit beginnen, was dazu führen würde, dass sie erst im Oktober fertig sind . Das wäre natürlich ausreichend, wenn es ein warmer Spätherbst wäre, aber wenn kaltes Winterwetter einsetzt, wie es oft im November der Fall ist, würden die Hühner nicht vor dem Frühling legen, da sie durch die Mauser mehr oder weniger geschwächt sind Zustand.

Viele Leute machen den Fehler, ihre Hennen zu verkaufen, sobald sie zu dieser Jahreszeit aufhören zu legen, was bedeutet, dass sie sich normalerweise von den Vögeln trennen, die die eigentlichen Winterschichten bilden würden. Hühner, die den ganzen Sommer über liegen und bis zum Herbst nicht aufhören, werden im Winter untätig und unrentabel sein. Es ist die allgemeine Missachtung der Mauserzeit , die zu so vielen Ausfällen bei der Winterversorgung mit Eiern führt. Die Regel sollte darin bestehen, alle Hennen zu verkaufen, die den ganzen Sommer über gleichmäßig gelegt haben und im September mit dem Federabwurf begonnen haben. Das Wachsen von Federn ist eine anstrengende Tortur, und die Folge ist, dass die Henne, wenn sie zu mausern beginnt , mit dem Legen aufhört, da sie nicht gleichzeitig Eier und Federn produzieren kann.

Federn bestehen größtenteils aus Stickstoff und Mineralien. Aus diesem Grund muss das Futter während der Mauser besonders nahrhaft sein. Zu einem solchen Zeitpunkt nur Mais zu füttern, ist reine Verschwendung, da die Henne bei einer solchen Ernährung keine neuen Federn produzieren kann. Wenn sie sich auf Freilandhaltung befindet, hat sie eine bessere Chance, das nötige Material zu sammeln , aber selbst dann, wenn der Befiederungsprozess zu lange hinausgezögert wird, wird die Henne erschöpft und ist anfällig für Kälte und alle möglichen Krankheiten. Dies ist der wahre Grund, warum im Herbst so häufig Rötungen und geschwollene Köpfe auftreten.

Junge Vögel, die etwa im April geschlüpft sind, beginnen normalerweise im November mit der Eiablage, da sie nicht durch die Mauser belastet wurden . Aber Hühner, die im Februar oder Anfang März geschlüpft sind, neigen sehr stark dazu, sich spät im Herbst zu mausern , genau dann, wenn sie mit dem

Legen beginnen sollten. Aus diesem Grund empfiehlt es sich, alle erstgeschlüpften Hühner zu vermarkten und die Ende März oder bis April geschlüpften Hühner zurückzuhalten, um die Legeherde zu vergrößern.

Alle Jungtiere sorgfältig aussortieren. Halten Sie nicht viele junge Hähne, um den Gewinn im Winter aufzufressen. Sogar Junghennen, die überhaupt nicht in der Lage sind, sollten vermarktet werden, denn sie entwickeln sich nicht, wenn das kalte Wetter einsetzt, und es lohnt sich nicht, sie für die Sommerschichten aufzubewahren. Die meisten Misserfolge im Geflügelgeschäft sind darauf zurückzuführen, dass Menschen nicht den Mut haben, unproduktive Vögel auszusortieren. Berechnen Sie einfach, wie viele Liter Futter zehn heranwachsende Vögel in sieben Monaten fressen werden, und ich denke, Sie werden überzeugt sein, dass es unfair ist, von der Herde zu erwarten, dass sie sie versorgt und trotzdem einen Gewinn erzielt. Das Problem besteht darin, dass den Menschen nicht bewusst ist , dass die Jungtiere bei einsetzender Kälte stillstehen und bis zum Frühjahr nahezu stationär bleiben. Ein weiterer Nachteil der Haltung unentwickelter Bestände besteht darin, dass sie den Stallraum belegen und die älteren Vögel überdrängen.

Jetzt ist es an der Zeit, gegen Ungeziefer Krieg zu führen, solange die hellen Tage andauern; Treiben Sie die Hühner raus und machen Sie einen gründlichen Hausputz. Verwenden Sie reichlich heiße Kalklösung, der Kerosin und rohe Karbolsäure zugesetzt wurden. Wenn Sie zwei Häuser haben, drängen Sie alle Vögel für ein paar Tage in eins, und wenn das leere Haus gründlich gereinigt wurde, beginnen Sie, die Vögel nachts zu fangen und gründlich zu pudern. Geben Sie Dalmatinerpulver oder selbstgemachtes Pulver in eine gewöhnliche Dose Mehl, schütteln Sie eine gute Menge davon in die Federn und reiben Sie es mit den Händen gut in die flauschigen Teile nahe der Haut ein. Es empfiehlt sich, die Dosis etwa drei Tage später zu wiederholen. Wenn Sie auf diese Weise gleichzeitig Haus- und Vogelschutz betreiben, können Sie einigermaßen sicher sein, dass Sie die Schädlinge zumindest für ein paar Monate ausgerottet haben. Denken Sie daran, alle herabfallenden Blätter aufzuharken, um sie als Kratzmaterial zu verwenden. Ein Beutel voll, der ein- oder zweimal pro Woche auf dem Boden des Hühnerstalls verteilt wird, erhöht die Eiausbeute und hält die Vögel während der Zwangshaltung gesund.

Bevor ich es vergesse, möchte ich Sie daran erinnern, den Hühnern keinen neuen Mais zu verfüttern. Jedes Jahr um diese Jahreszeit bekomme ich eine Menge Briefe mit Berichten über gute, fette Hühner, ein Bild von Gesundheit, die tot aufgefunden wurden. Die Ursache ist eine akute Verdauungsstörung, die durch den Verzehr von ungewürztem Mais hervorgerufen wird. Also sei vorsichtig. Wenn Ihr Vorrat vom letzten Jahr aufgebraucht ist, ist es besser, ein paar Tüten zu kaufen, als Hühner zu verlieren, von denen Sie für die Wintereier abhängig sind. Lagern Sie so viel Kohl oder anderes grünes Gemüse wie möglich, bevor es zu spät ist. Schauen Sie sich das Haus an und schließen Sie alle Risse und Spalten. Der Luftzug aus einem kleinen Loch kann bei einem Vogel zu einer Erkältung führen, die sich zu einem Schwarm entwickeln und den gesamten Schwarm infizieren kann, obwohl ein offener Stall mit nur Musselingittern gesund sein kann.

Was Häuser mit offener Front angeht, glaube ich nicht daran, dass es sich um Lagerhäuser handelt. Wenn ich viele junge Vögel oder Hühner mitnehmen würde, die erst im April legen , könnte ich aus wirtschaftlichen Gründen den offenen Stall wählen, aber nicht anders. Ich kann mir nicht vorstellen, was sie davon haben – nämlich in kalten Breiten. Im Süden geht es ihnen wahrscheinlich gut. Wir alle wissen, dass der Großteil der Nahrung, die bei kaltem Wetter zugeführt wird, dazu dient, die Körperwärme aufrechtzuerhalten, und dass wir, wenn wir bei kaltem Wetter Eier erwarten, die Hühner mit ausreichend Vorräten versorgen müssen, um den Körper zu ernähren, Wärme zu erzeugen und einen Überschuss zu ermöglichen in Eier umgewandelt. Durch die Bereitstellung enger, warmer Schlafräume sparen wir einen Teil der Lebensmittel ein, die in einem kalten Haus für die Wärme verwendet würden. Ich glaube an viel frische Luft, aber in den ruhigen, dunklen Stunden ist alles gerne warm.

Ich habe oft das Argument gesehen, dass Wildvögel , die überhaupt keine Häuser haben, immer gesund sind. Aber wie oft hören wir von der Zahl der toten Vögel, die nach einem schweren Sturm aufgefunden wurden. Zudem legen Wildvögel nur im Frühling des Jahres. Wenn der Mensch die Gesetze der Natur durcheinander bringt, um menschliche Bedürfnisse zu befriedigen, sollte er aufhören, die Wege der Natur zu zitieren. Unsere heutige Henne, die einhundertachtzig bis zweihundert Eier pro Jahr legt oder legen soll, ist ein ganz anderes Geschöpf als die Wildhenne und muss mit besserer Nahrung, Unterbringung und Pflege versorgt werden.

Wie Sie natürlich wissen, enthalten verschiedene Lebensmittelmaterialien unterschiedliche Qualitäten. Manche geben uns das für die Wärme notwendige Fett; andere, stickstoffhaltige Eigenschaften, die Fleisch bilden; wieder andere Mineralien wie Kalk, Soda usw. usw., die für Knochen und Muskeln benötigt werden. Alle Arten von Tieren, Vögeln und sogar Menschen benötigen eine gewisse Menge dieser Zutaten, sonst wird ein Teil des Körpers oder des Nervensystems ausgehungert, während ein anderer überfüttert wird. Bei der Henne ist es sehr wichtig, dass sie alle diese verschiedenen Zutaten gut in ihrem Futter vermischt , da sie diese nicht nur für ihre Gesundheit, sondern auch für die Eierbildung benötigt.

Wir beginnen mit den Lebensmitteln, die die größte Menge an Kalk liefern, da dieser für die Schale benötigt wird, und einen Bruchteil davon im Eiweiß und im Eigelb, was am wichtigsten ist, da er während der Brutzeit in Knochen umgewandelt wird, die eigentliche Grundlage des Huhns. Kleeheu, Leinsamenmehl und Weizenkleie enthalten etwa sechs Pfund Kalk pro Hundert, und Rüben, Karotten und alle Gräser haben einen guten Anteil. Fleisch stammt aus stickstoff- oder proteinhaltigen Lebensmitteln, zu denen vor allem Rindfleisch, Leinmehl, Futtermehl , Kleie, Kleeheu, Weizen und Magermilch gehören. Fett und Wärme erhalten wir aus kohlenstoffhaltigen Futtermitteln , darunter Mais und Buchweizen, dicht gefolgt von Hafer, Weizen, Roggen, Kleeheu, Leinsamenmehl und Magermilch.

Mineralstoffe – Kalk, Soda, Kali, Magnesia und Schwefel – entstehen hauptsächlich durch die Verdauung, wobei die diese Bestandteile enthaltenden Stoffe zu Asche reduziert werden. Die üblichen Probleme, mit denen Geflügel in den meisten Betrieben zu kämpfen hat, sind darauf zurückzuführen, dass nur eines dieser Elemente gefüttert wird. Der arme Biddy hat nur Fleisch und keine Wärme oder nur Fett und kein Fleisch.

Töten Sie einen Vogel, der nur mit Mais gefüttert wurde, dann wird er reich an inneren Fettschichten sein, aber nur eine sehr geringe Brustfleischtiefe aufweisen. Die Rationen auszugleichen und zu versuchen, Fleisch, Fett (Wärme) und Mineralien auszugleichen , ist kein sehr schwieriges Unterfangen, wenn man die Werte auch nur einiger weniger Getreide und Pflanzen berücksichtigt .

Nachdem Sie bisher gelesen haben, werden Sie jetzt feststellen , dass Kleeheu, Leinsamenmehl, Kleie, Weizen, Hafer, Rinderreste und Magermilch praktisch alle Äquivalente von Sommernahrungsmitteln enthalten; Daher ist die Zugabe von Mais, Buchweizen oder Roggen bei kaltem Wetter sicher und einfach, wenn sie nur als Wärmespender verabreicht werden. Lassen Sie niemals zu, dass der Anteil das für diesen Zweck erforderliche Maß überschreitet, da sonst Fett gebildet und gespeichert wird, wodurch Ihre gesamte Pflege zunichte gemacht wird . Mit anderen Worten: Um die für das Ei benötigten zehn Teile Fleisch und zwanzig Teile Fett anzuhäufen, muss die Henne, die sich nur mit Mais ernährt, fünfzig Teile mehr Fett zu sich nehmen , als sie benötigt.

Jetzt müssen nur noch grüne Knochen und Wasser berücksichtigt werden. Ersteres ist zweifelsohne das beste Eierfutter , da es nahezu alle benötigten Elemente enthält. Viele Landwirte spotten über den Gedanken, für eine Mühle bezahlen zu müssen, um Knochen für Hühner zu zerkleinern, doch dieselben Männer werden einem Heuhäcksler für Pferd und Kuh nicht übel nehmen. Grüner Knochen bedeutet frischer Knochen vom Metzger, der für etwa zwei Cent das Pfund zu kaufen ist. Die Mühle zum Mahlen kostet zwischen acht und fünfzehn Dollar.

Grüner Knochen enthält natürliches Fleisch, Säfte, Blut, Knorpel, Öl und Mineralstoffe in löslichem Zustand, was ihn vor allem für Vögel leicht verdaulich macht – fast alle Bestandteile von Eiern (Eiweiß, Eigelb und Schale) in höchster Konzentration Form möglich. Wenn Eier also profitabel werden sollen, muss die Knochenmühle am Laufen gehalten werden. Wenn es unmöglich ist, den grünen oder frischen Knochen zu erhalten, kann der speziell für Geflügel verkaufte gemahlene Knochen verwendet werden, obwohl dieser nicht halb so zufriedenstellend ist, da der Trocknungsprozess, dem er sich vor dem Mahlen unterziehen muss, außer dem Phosphat von Kalk und Kalk kaum übrig bleibt erdige Materie, die Klee und Kleie in besserer Form liefern. Mindestens die Hälfte des Eies besteht aus Wasser, was sicherlich ein ausreichender Grund dafür ist, zu betonen, wie wichtig es ist, jederzeit einen großzügigen Vorrat in sauberem Geschirr zu haben, die richtige Temperatur zu haben, im Sommer kühl und im Winter kühl zu sein.

Eine Herde Truthähne

ES gibt sechs Truthahnarten: Bronze, White Holland, Bourbon Reds, Black, Buff, Slate und Narragansett. Aber die ersten drei sind diejenigen, die es am meisten wert sind, speziell für den Markt gezüchtet zu werden, da es sich um große Vögel handelt und die beliebtesten Sorten sind. So ist es einfach, von Anfang an gute Vorräte zu bekommen, was von größter Bedeutung ist.

Ein Trio einer der drei Sorten kostet zwischen fünfzehn und zwanzig Dollar, und wenn im ersten Jahr nur zwanzig Vögel für den Markt aufgezogen werden, bringen sie mindestens sechzig Dollar ein. Das bedeutet, dass das Durchschnittsgewicht bei zwölf Pfund liegt und der Preis bei 25 Cent pro Pfund liegt. Dies ist jedoch absurd, wenn man bedenkt, dass junge Kater zwanzig Pfund und Junghennen fünfzehn Pfund wiegen, das Futter unmöglich mehr als zehn Dollar kosten kann, was im ersten Jahr einen Gewinn von dreißig Dollar ergeben würde.

Ein erfolgreicher Truthahnzüchter erzählte mir, dass er seine Vögel zwölf Jahre lang in Höfen gehalten hatte, sodass ich mich sicher fühlte, den Plan anzunehmen. Ich glaube, ich hätte Einfriedungen sagen sollen , denn sie umfassten jeweils etwa einen halben Acre. Das Land war schieferhaltig und hatte einen felsigen Hintergrund, aber von den Felsen bis zur Spitze der zwei Hektar, die sie nutzten, gab es zahlreiche Buschbüsche und Farne. Das Gelände fiel nach Süden ab; ein Ort, der für keinen anderen Zweck nutzlos ist, aber perfekt für Truthähne.

Da es auf unserer Farm jedoch keinen solchen Platz gab, nutzte ich einen Streifen karges Buschland mit guter natürlicher Entwässerung und errichtete drei Einzäunungen , jede 100 Fuß breit und 300 Fuß lang. In jedem wurde ein offener Schuppen mit einer Länge von zwölf Fuß und einer Breite von zehn Fuß gebaut. Es handelte sich lediglich um grobe, aus Platten gebaute Unterstände, und die einzigen Beschläge waren Sitzstangen aus Sassafras-Stangen, von denen keine weniger als neun Zoll im Umfang hatte. Dies ist einer der wichtigsten Punkte bei der Einrichtung eines Platzes für Truthähne. Da es sich um schwere, großfüßige Vögel handelt, fühlen sie sich unwohl und leiden sogar, wenn sie dazu gezwungen werden, sich auf leichten Sitzstangen, wie sie Hühner verwenden, auszubalancieren.

Für den Bau der drei Schuppen waren vier Ladungen Platten nötig, und im Sägewerk kostete jede Ladung 75 Cent. Das Drahtgeflecht kostete 48 Dollar, Sitzstangen und Pfosten wurden in unserem eigenen Wald gefällt und die Haushaltshilfe erledigte die Arbeit.

Ich habe zehn weibliche Vögel von der Farm in Massachusetts für fünfzig Dollar und zwei Kater von Long Island für zwanzig Dollar bekommen. Wir schickten die Vögel Anfang Dezember los, damit sie Zeit hatten, sich vor der Legesaison in ihrem neuen Quartier gut einzuleben. Bevor sie ankamen, war die Vorderseite der Schuppen mit einem Drahtgeflecht abgedeckt, so dass wir sie zunächst absperren konnten, aber nach zwei oder drei Wochen wurde es entfernt und ihnen wurde der Zugang zu den Höfen gestattet . Der Draht um das Gehege war nur 1,20 m hoch und bei jedem Vogel war ein Flügel abgeschnitten, um zu verhindern, dass er darüber flog.

Eine Herde Truthähne

Anfang März wurde in beiden bewohnten Höfen ein halbes Fass im Unterholz versteckt, damit die Hühner sich an ihr Aussehen gewöhnen und, wie wir hofften, sichere Verstecke für ihre Eier finden würden. Der Plan ging hervorragend auf. Ungefähr in der Mitte des Monats begannen wir, nach Eiern im halben Fass und gestohlenen Nestern Ausschau zu halten. Als ein Ei gefunden wurde, wurde es entwendet und an seine Stelle eins aus Porzellan gelegt; Das Gleiche gilt, als das zweite Ei genommen wurde, aber danach wurden keine Porzellaneier mehr fallen gelassen, denn zwei schienen Frau Truthahn immer zu befriedigen.

Im Gegensatz zu gewöhnlichen Hühnern werden Truthähne nicht durch ein Ei in ein Nest gelockt. Tatsächlich behalten sie so viel von dem Wildvogel, dass sie kein Nest adoptieren, das von einem anderen Vogel genutzt wurde. Verteilen Sie daher Nesteier niemals als Lockvögel, sondern nur als Ersatz für die entnommenen.

Die Fütterung der alten Vögel ist von großer Bedeutung und für die meisten Landwirte ein Grund zum Scheitern. Allzu oft werden die Vögel sich selbst überlassen oder bekommen bestenfalls unbestimmte Mengen Mais verabreicht, was dazu führt, dass sie erbärmlich dünn und heruntergekommen oder unverschämt fett sind. In beiden Fällen fehlen ihnen die Bestandteile, die das Brutei besitzen sollte. Das Ergebnis sind schwache Jugendliche, die zum Sterben verurteilt sind, egal wie viel Fürsorge man ihnen schenkt.

Ich hörte einmal einen alten Geflügelzüchter sagen, dass die Pflege des Kükens beginnen muss, wenn seine Mutter geschlüpft ist. Das mag für den Laien zweideutig erscheinen, aber es ist im wahrsten Sinne des Wortes eine Tatsache, und mein Freund aus Massachusetts hatte mir klar gemacht, dass es am wirksamsten ist, wenn man es auf Truthähne anwendet. Daher wird bei der Fütterung unserer Truthähne besonders darauf geachtet, dass sie den künftigen Vögeln die nötigen Inhaltsstoffe liefern, die sie in Knochen und Vitalität umwandeln . Frühstück: Gehacktes Kleeheu, über Nacht gedämpft, zwei Liter; Mais und Hafer zusammen gemahlen, ein Liter; Rindfleischreste, ein halbes Pint. Mittags wird ein Liter Hafer, Kafir-Mais oder Gerste in den Höfen ausgestreut. Nachts, wenn das Wetter sehr kalt ist, Vollkorn, aber da es im Frühling nachlässt, wird die Menge verringert und stattdessen Weizen verwendet.

Dies sind ihre regelmäßigen Rationen von Dezember bis April, wobei auf Rindfleischreste und Mais gänzlich verzichtet wird. Wasser und Sand sind ständig vor ihnen. Wir kaufen Rechengut vom Steinbrecher und kippen es, da es günstig ist, zweimal im Jahr in jeden Hof.

Normalerweise stehle ich die ersten zehn Eier aus jedem Nest und lege sie unter die Hühner. Egal wie viele Truthähne danach liegen, sie darf sie behalten und ausbrüten. Es dauert neunundzwanzig Tage, bis sie schlüpfen, und für die Brutzeit sollten große, mütterliche alte Hühner aus dem Hühnerstall ausgewählt werden. Es ist nicht sicher, mehr als fünf solcher Eier unter eine gewöhnliche Henne zu legen.

Wenn der Schlupf vorbei ist, bringen Sie die Henne in einen Brutstall und stellen davor eine Kiste mit einer Tiefe von etwa neun Zoll auf, die groß genug ist, um einen Hof zu bilden, in dem sich die Jungen bewegen können. Das ist natürlich notwendig Entfernen Sie einen Teil oder das gesamte Ende des Kastens, der die Vorderseite des Stalls verbindet, damit die Kleinen hinein- und herauslaufen können. Bedecken Sie den Boden der Kiste mit grobem Sand und stellen Sie in einer Ecke einen kleinen Trinkbrunnen auf. So haben die Babys in den ersten Tagen des Säuglingsalters, in denen sie trocken gehalten werden müssen, einen sicheren Ort zum Spielen. Danach kann die Kiste abgenommen und der Stall aus Gründen der Sauberkeit jeden Tag ein paar Meter bewegt werden.

Wenn die Brut von Frau Truthahn schlüpft, behandeln wir sie auf die gleiche Weise, nur dass der Brutstall speziell angefertigt wurde und viel größer ist als der gewöhnliche Hühnerstall. Die erste Nahrung, die die Babys zu sich nehmen, ist altbackenes, selbstgebackenes Brot, das in Brühmilch getränkt und vor dem Füttern ausgepresst wird. Wie kleine Küken dürfen sie vierundzwanzig Stunden lang nichts haben, dann muss wenig und oft die Regel sein.

Lassen Sie niemals Essen vor kleinen Truthähnen liegen, denn sie neigen sehr dazu, zu viel zu fressen. Nach zwei Wochen müssen sie nur noch viermal täglich gefüttert werden; nach der vierten Woche dreimal täglich. Nach den ersten zwei Tagen ein wenig hartgekochtes Ei hinzufügen, das fein gehackt wurde, ohne die Schale zu entfernen, und ein paar Tage später Stecknadelkopf-Haferflocken und gemahlene Holzkohle; etwa einen Teelöffel letzteres auf eine Tasse Brot und Haferflocken.

Nach zwei Wochen reduzieren Sie nach und nach die Menge an Brot und erhöhen die Menge an Haferflocken. Diese sollten Sie etwa eine halbe Stunde kochen und trocknen lassen, damit sie beim Abkühlen leicht zerbröseln.

Nach der vierten Woche kann normales Haferflockenmehl, einfach mit Brühmilch angefeuchtet, verwendet werden. Halbgekochte Leber, fein gehackt, ist das beste Tierfutter. Wenn dies nicht möglich ist, verwenden Sie handelsübliches Rinderhackfleisch der besten Marke, einen Teelöffel pro Liter Mehl, da es sehr stark ist und leicht Durchfall hervorruft, eine Krankheit, die junge Truthähne fast früher befällt als alle anderen Jungvögel. Achten Sie sorgfältig darauf und geben Sie beim ersten Anzeichen von Durchfall gekochten Reis zu essen und Reiswasser oder kalten Tee zu trinken.

Beobachten Sie frisch geschlüpfte Babys ein paar Tage lang beim Füttern, denn oft gibt es eines oder mehrere, denen das Essen beigebracht werden muss. Dies ist insbesondere dann der Fall, wenn sie mit gewöhnlichen Hühnern zusammen sind. Aber ein wenig Geduld, sich vor ihnen zusammenzurollen und sie zum Aufheben zu überreden, wird die Schwierigkeit überwinden. Nachdem sie acht Wochen alt sind , nehmen wir sie von den Hühnern und bringen sie in den dritten Hof, der ausschließlich für Jungvieh bestimmt ist.

Nachts werden sie in den Stall getrieben, dessen Vorderseite immer mit einem Drahtgeflecht abgedeckt ist, damit sie eingesperrt werden können, bis sie sich an das Schlafen gewöhnt haben. Natürlich sind die Sitzstangen in diesem Stall näher am Boden platziert und viel kleiner als die Sitzstangen für ausgewachsene Vögel. Ungefähr am 1. Oktober dürfen sie die Farm frei auslaufen lassen und werden nachts mit Mais gefüttert und bekommen so viel Milch, wie sie trinken, um sie vor Thanksgiving in einen guten Schlachtzustand zu bringen, wenn sie alle verkauft werden, bis auf vielleicht ein paar mehr Gute Exemplare, die wir gerne auf Lager haben. Auch die

Altvögel haben von Oktober bis Februar Freilandhaltung, werden aber nachts auf den Höfen gefüttert und eingesperrt, damit sie sich keine schlechten Wandergewohnheiten aneignen.

Seien Sie beim Kauf von Brühen großzügig und holen Sie sich das Beste von einem bekannten Truthahnzüchter. Gewöhnlicher Bauernhofbestand ist so anfällig für Inzucht, dass die Vögel zwar gut aussehen, es aber nicht sicher ist, sie für Zuchtzwecke zu kaufen, da sich bei den Jungvögeln sicherlich ein Mangel an Ausdauer zeigen wird.

Aus dem gleichen Grund ist es am besten, die Hühnervögel von einem Ort und die Kater von einem anderen zu holen. Wenn Sie Bourbon Reds oder Bronze behalten möchten, ist es ratsam, halbwilde Toms zu kaufen. Sie sind das Ergebnis der Kreuzung wilder Fresser mit Haushühnern, die von großen Züchtern durchgeführt wird, um ihnen neues Blut zuzuführen und die Vitalität ihrer Bestände aufrechtzuerhalten . Persönlich mag ich den Weißholland-Truthahn am liebsten, da er domestiziert ist und die Gefangenschaft gut verträgt.

Wenn Sie nur ein paar Vögel halten wollen, zum Beispiel ein Trio oder fünf Hennen und einen Fresser, sind keine großen Höfe nötig, aber ein Schuppen, über den ein Netz gespannt werden kann, sollte immer für ihre Verwendung reserviert werden gefüttert werden und nachts den Mund halten. Behalten Sie niemals und unter keinen Umständen eines der Junghennen, die Sie aufziehen, es sei denn, Sie wechseln Ihren Fresser. Lassen Sie nicht zu, dass zwei Fresser gleichzeitig mit der Herde laufen. Wenn Sie Ihre Vogelzahl erhöhen möchten, müssen Sie entweder Gehege errichten oder die Fresser alle zwei Tage wechseln.

ENTEN UND GÄNSE

ENTEN sind so ertragreich, dass ich nicht verstehen kann, warum so wenige sie halten, es sei denn, es liegt die falsche Vorstellung vor, dass sie einen Bach oder Teich zum Schwimmen benötigen. Es ist wahr, dass die altmodische Pfützenente außerhalb des Wassers ein elendes Geschöpf zu sein schien, aber die verbesserten Sorten sind fast genauso Landvögel wie Hühner. Mein Vorrat begann mit zwei Enten und einem Erpel, die mich sieben Dollar gekostet hatten. In der ersten Saison habe ich achtundfünfzig gesammelt, sechsundvierzig verkauft und zwölf auf Lager gehalten. Sie waren im Alter von elf Wochen marktreif und der niedrigste Preis lag bei 18 Cent pro Pfund.

Enten brauchen ein trockenes, komfortables Quartier, aber ein prächtiges Haus für zwanzig Enten kann auf jeder Farm für einen Dollar oder sogar weniger gebaut werden. Ein Mann, der große Herden hält, baut Entenhäuser mit Hürden aus grünen Zweigen für Wände und Dach, deren Außenseite mit Blättern, Stroh, Maisstängeln oder Zedernzweigen gepolstert ist. Jedes Haus ist sechs mal vier Fuß groß und zweieinhalb Fuß hoch und beherbergt sieben Enten und einen Erpel.

Trockenwarenkartons, die in jedem Dorfladen zehn Cent kosten, können für eine kleine Herde bequem gemacht werden. Das Wichtigste ist, sie trocken zu halten, was fast mehr von der Pflege des Bodenbelags als von der Pflege der Hauswand abhängt. Gute, trockene Bettwäsche, die mindestens zweimal pro Woche gewechselt wird, hält sie auch bei kältestem Wetter warm und glücklich.

Enteneier bringen im Februar und März gute Preise. Sie können sie bis dahin problemlos zur Legephase bringen, da es vor allem auf die Fütterung ankommt. Enten müssen, wie Gänse oder Rinder, über einen guten Anteil an Schütt- und Grünfutter sowie Kraftfutter verfügen. Kleeheu oder sogar gemischtes Heu, gehackt und gedämpft, etwa ein halber Eimer mit einem halben Liter grob gemahlenem Maismehl und der gleichen Menge Kleie, ist ungefähr richtig. Wenn das Heu knapp ist, schneiden Sie die Maisstängel klein und dämpfen Sie sie. Geschnittenes Gemüse aller Art ist gut, aber Kürbisse, Kartoffeln und Rüben machen dick; Wenn das Wetter also nicht sehr kalt ist, lassen Sie den Mais bei der Fütterung weg und verwenden Sie stattdessen mehr Kleie oder Rechengut.

Lassen Sie die Kinder im Sommer Kochbananen, Ampfer, Kreuzkraut oder andere ungiftige Unkräuter sammeln. Halten Sie Zuckerfässer bereit und packen Sie das Unkraut frisch ein. Nehmen Sie ein schweres, stabiles Brett, das so abgerundet ist, dass es in das Fass passt, legen Sie es auf das Grünzeug und beschweren Sie es mit schweren Steinen. Mit Papier, Sägemehl, Stroh oder anderem losen Material gut auspolstern und den Laufkopf wieder aufsetzen. Wenn der Boden mit Schnee bedeckt ist, führt solches Futter zu einer Vermehrung der Eier sowohl von Enten als auch von Hühnern.

Eichenblätter, Eicheln und Schweine-Hickorybäume sammeln sich im Herbst schnell und regen den Appetit von Schweinen, Hühnern und Enten Ende Januar an, wenn sie keine Lust mehr auf Getreidefutter haben.

ENTEN UND GÄNSE

Imperial Pekin, Rouen und Indian Runners sind seit einigen Jahren die besten Marktentenrassen und sind immer noch hervorragende Gefährten, sowohl für Eier als auch für den Tisch, und ihre neuen Rivalen, die Buff Orpington Enten, sind ihnen als Nutzvögel durchaus ebenbürtig.

Enten sind so schlechte Mütter, dass es besser ist, ihre Eier unter Hühnern oder in Brutkästen auszubrüten. Die ersten paar Eier, die eine Ente jede Saison legt, sind selten fruchtbar. Elf sind eine vollständige Brut, und es dauert achtundzwanzig Tage, bis sie schlüpfen. Untersuchen Sie das Nest alle zwei bis drei Tage nach dem Setzen der Henne auf schlechte Eier. Ein schwacher Keim, der abstirbt, führt dazu, dass das Ei zerfällt, und der einmal gerochene Geruch kann nie vergessen werden.

Untersuchen Sie das Nest, wenn die Henne zum Füttern aussteigt, und entfernen Sie die dunklen und fleckigen Eier. Wenn Sie den Eindruck haben, dass ein Ei falsch aussieht, heben Sie es auf und riechen Sie daran. Das und seine klebrige Haptik geben Ihnen Sicherheit, denn das Ei ist porös. Wenn Sie einen Brutkasten zum Ausbrüten von Küken verwendet haben, können Sie dies mit einem geeigneten Tester testen. Dies muss vom vierten bis zum fünfzehnten Tag dauernd durchgeführt werden.

Wenn der Schlupf am Ende des achtundzwanzigsten Tages beendet ist, stellen Sie eine Kiste bereit, die etwa 30 cm tief und 90 cm lang ist, mit offenem Deckel und abgenommenem Ende. Platzieren Sie das offene Ende gegen die Stalltür und machen Sie so einen kleinen Lauf, wobei der Bretterboden mit einem Zentimeter trockenem Sand oder Erde bedeckt ist. Entenbabys brauchen noch mehr Schutz vor Feuchtigkeit als Küken; Deshalb sollten Sie bei schlechtem Wetter den Stall und den Auslauf überdacht halten , und wenn es schön ist, ist der Schatten eines Baumes notwendig, denn die kleinen Kerlchen vertragen die volle Sonne nicht. Nach einer Woche kann die Henne entfernt werden, aber halten Sie sie in der Nähe auf kurzem Gras und lassen Sie sie nicht raus, bis der Tau verschwunden ist.

24 Stunden lang nichts füttern. Erste Woche: Ein halber Liter Haferflocken, etwas Cracker oder alte Semmelbrösel, zwei hartgekochte, fein gehackte Eier, eine halbe Tasse groben Sand, der gerade mit Milch angefeuchtet wurde. Füttern Sie viermal am Tag genau das, was sie in zehn Minuten fressen.

Zweite und dritte Woche: Ein halbes Pfund gemahlener Hafer, ebenso viel Weizenkleie, ein Viertel Pint Maismehl, ebenso grober Sand, zwei Esslöffel Rindfleischmehl, ein Pint fein geschnittener grüner Klee, Roggen oder mit Brühmilch angefeuchteter Kohl. Sie müssen viermal täglich gefüttert werden.

Vierte bis sechste Woche: Kochen Sie einen Liter geschälten Hafer eine Stunde lang, fügen Sie einen halben Liter Maismehl, Weizenkleie, einen halben Liter feinen Grieß, die gleiche Menge an Rindfleischresten und einen Liter Klee oder andere grüne Lebensmittel hinzu. Viermal täglich füttern.

Sechste bis zehnte Woche: Ein Liter Maismehl, ein halber Liter Weizenkleie, ein halber Liter gekochter Hafer, ein halber Liter Rindfleischreste, ein halber Liter Grieß, ein Esslöffel Holzkohle und ein halber Liter Klee. Dreimal täglich füttern.

Sie sollten bereit sein, die elfte Woche zu töten.

Lassen Sie die Enten, egal ob jung oder alt, nicht erschrecken, wenn Sie es irgendwie verhindern können. Es sind nervöse Dinger. Ganz gleich, was Sie füttern: Wenn Sie sie verängstigen oder täglich zum Laufen zwingen, werden sie nicht mästen. Wenn man vorsichtig damit umgeht, sind sie auf jeder Strecke am einfachsten zu fahren, denn wohin man geht, folgen alle; Beeilt sie, und sie werden sich zerstreuen, und es bedeutet für sie Abschied für Stunden.

Das Futter für die Tiere, die als Vieh gehalten werden sollen, ist bis zu einem Alter von drei Wochen das gleiche, ab diesem Zeitpunkt jedoch ein Liter gemahlenes Futter, ein Liter Kleie, ein halbes Pint Grieß und ein halbes Pint Rinderreste. Feucht mit Milch, Wasser, Sauermilch oder Buttermilch vermischen und abends und morgens verfüttern. Wenn sie sich im Freiland befinden, ist das alles, was sie wollen. Wenn nicht, müssen Sie Klee oder Gemüse hinzufügen und dreimal täglich füttern. Denken Sie daran, immer frisches, sauberes Wasser vor sich zu haben.

Wenn Enten zehn oder elf Wochen alt sind , sollten sie für den Markt geeignet sein. Frühe grüne Enten sollten nicht mehr als viereinhalb Pfund wiegen, während spätere Enten nicht zu schwer sein dürfen. Frühe Enten reifen in der Regel sehr ungleichmäßig aus, so dass ein häufiges Umsortieren erforderlich ist.

Enten sind nur für kurze Zeit zum Anziehen geeignet. Sie „gehen zurück“, wie es genannt wird, denn sie werfen eine neue Menge Federn ab und lassen sie wachsen, was Ihnen das gesamte Fett und Ihren gesamten Gewinn kostet. Daher ist es wichtig, sie so schnell wie möglich in Geld umzuwandeln.

Beim Dressing ist es am besten, trocken zu pflücken. Auch wenn einige noch gebrüht sind, verkaufen sich trocken gepflückte Brühen besser als gebrühte Brühen, besonders wenn der Markt trübe ist, denn sie können eingefroren werden, gebrühte Brühen hingegen nicht. Zum Trockenpflücken steht eine Kiste für die Federn zur Verfügung. Es kann auf dem Boden jede gewünschte Größe haben und sollte so tief sein, dass die Oberkante in sitzender Position ein bis zwei Zoll tiefer als Ihr Knie ist. Um die Enten abzukühlen, zersägte man ein Kohleölfass in zwei Teile; Verwenden Sie eine Hälfte zum Abkühlen, die andere Hälfte für klares Wasser, um sie nach dem Waschen hineinzugeben.

Um zu töten, fassen Sie die Füße mit der linken Hand und den Hals in der Nähe der Brust mit der rechten Hand und schlagen Sie dann mit einer schwingenden Bewegung (wie bei der Verwendung einer Axt) den Hinterkopf mit ausreichender Kraft gegen einen Pfosten Starten Sie das Blut aus den Ohren. Legen Sie nun mit einer schnellen Bewegung den Körper unter Ihren linken Arm und fassen Sie den Hinterkopf und die Oberseite des Schnabels mit der linken Hand. Machen Sie mit einem Messer mit einer 5-Zoll-Klinge einen kreuzförmigen Schnitt an der Basis des Gehirns, drehen Sie dann die Kante zum Gaumen und schneiden Sie nach außen. Achten Sie dabei darauf, den Schnabel nicht zu spalten. Lassen Sie das Blut zwei Sekunden lang laufen.

Hinsetzen. Legen Sie Ihre Knie gerade fest genug an den Hals, um ihn an Ort und Stelle zu halten. Wenn zu viel Druck ausgeübt wird, stoppt dies den Blutfluss und verleiht dem Fleisch ein rotes Aussehen. Halten Sie die Füße und Flügel in der linken Hand. Beginnen Sie mit dem Zupfen am Bauch, dann an der Brust und am Hals. Die Federn verbleiben auf der Hälfte des Halses und auf den Flügeln ab dem ersten Gelenk. Unterwegs sauber pflücken, denn sobald die Ente kalt wird, wird es schwierig, sie zu pflücken. Experten verwenden ein dünn geschliffenes Schuhmachermesser und streifen es wie ein Rasiermesser ab, um die Nadel und kleine Federn abzuschneiden.

Legen Sie sie nach dem Pflücken in Eiswasser oder kaltes Quellwasser, bis die tierische Hitze verschwunden ist. dann wasche die Füße und wasche alle Blutklumpen aus Mund und Rachen; Geben Sie es dann in ein anderes Gefäß mit Wasser, wodurch alle Flecken entfernt werden und ein schönes, sauberes Aussehen entsteht. Sobald sie sauber sind, können Sie sie in ein Fass oder eine Kiste mit zerstoßenem Eis geben. Wenn Sie sie zwölf bis vierundzwanzig Stunden in diesem Zustand belassen, können Sie sie mit nur wenig Eis über weite Strecken transportieren. Damit die gekleideten Enten gut zur Geltung kommen, ist es notwendig, sie am Ziel aus dem sauberen Wasser zu nehmen. Sobald es trüb wird, sollte das zweite Gefäß mit sauberem Wasser gefüllt werden.

Verwenden Sie zum Verpacken für den Versand Mehl- oder Zuckerfässer. Packen Sie mit dem Rücken nach unten und stecken Sie den Kopf unter den Flügel. Packen Sie es dicht ein und lassen Sie oben Platz für Eis. Heben Sie den oberen Reifen an, legen Sie Sackleinen darauf, treiben Sie den Reifen wieder an, mit dem Sackleinen darunter, und nageln Sie ihn fest. Vor dem Gebrauch sollte das Fass gründlich gewaschen werden. Bohren Sie zwei etwa drei Viertel Zoll große Löcher in den Boden, um das Wasser abtropfen zu lassen.

Eine Gans legt zehn bis zwanzig Eier und möchte sich dann setzen; Aber wenn Sie sie in Sichtweite ihrer Gefährten einsperren, werden vier oder fünf Tage ausreichen, um sie zu zerstreuen. Wenn sie ein drittes Gelege Eier legt, lassen Sie sie diese behalten und sitzen.

Bei mildem Wetter legen Sie fünf Eier unter eine Henne; oder, wenn sie sehr groß ist, könnten sieben riskiert werden. Es dauert 28 bis 30 Tage, bis Gänseeier schlüpfen. Da die Haut sehr widerstandsfähig ist, empfiehlt es sich, in den letzten zwei Wochen rund um das Nest und sogar auf die Eier selbst etwas Wasser zu streuen, insbesondere wenn das Wetter trocken ist und die Hühner brüten.

In den ersten 36 Stunden brauchen die Jugendlichen nichts. Geben Sie dann gebrühtes Maismehl – die gröbste Sorte – und Weizenkleie, gehackten grünen Klee oder junge, fein geschnittene grüne Haferflocken, Spitzen von Frühlingszwiebeln, Salatblätter oder anderes zartes junges Grün.

Wenn das Wetter schön ist, stellen Sie den Stall mit Biddy und ihrer Familie in den ersten Tagen auf die Wiese und machen Sie einen kleinen Garten davor, damit sie nicht zu weit wegwandern. Bewegen Sie den Stall und den Hof an einen neuen Ort, während sie das Gras fressen. Wie bei jungen Enten muss sich ihr Trinkwasser in einem Gefäß befinden, das es ihnen ermöglicht, den ganzen Schnabel ins Wasser zu stecken, sonst besteht die Gefahr, dass die Luftwege durch weiche Nahrung verstopft werden und das Gänschen erstickt. aber auf keinen Fall darf ihnen gestattet werden, ihren Körper ins Wasser zu bringen, da sie so leicht frieren und verkrampfen.

Es ist viel besser, zwei- oder dreijährige Vögel als Vorrat bei einem zuverlässigen Händler zu kaufen, als sich Eier zum Setzen zu besorgen und darauf zu warten, dass sie sich entwickeln. Nach der Brutzeit brauchen Gänse und Gänse auf dem Grasland nur noch wenig Getreide. Im Spätherbst gedeihen Gänse gut, wenn sie in die Maisstoppeln oder in den Obstgarten getrieben werden, wo sie alle Fallobst beseitigen – was viel dazu beiträgt, Maden und Insekten auszumerzen.

TAUBEN UND SQUABS

WENN Tauben zur Jungtaubenzucht gehalten werden, ist das eines der profitabelsten Unterfangen, das sich Vorstädter oder echte Landbewohner eingehen können. Die Jungen sind im Alter von vier Wochen marktreif; Der durchschnittliche Großhandelspreis beträgt drei Dollar pro Dutzend. Privatkunden zahlen in den Wintermonaten 40 Cent pro Paar, und ein gutes Paar ausgewachsener Vögel zieht neun Monate im Jahr alle vier Wochen zwei Jungvögel auf, was bedeutet, dass jedes alte Vogelpaar eineinhalb Jungvögel liefern sollte Dutzend Jungvögel, die für vier Dollar und fünfzig Cent vermarktet werden. Die Unterhaltskosten sollen bei 50 Cent pro Jahr liegen, aber bei einem Dollar pro Jahr sollte ein klarer Gewinn von 3 Dollar und 50 Cent erzielt werden.

Diese Schätzungen basieren auf guten Brieftauben, die gut untergebracht und gepflegt sind, keine gewöhnlichen, unscheinbaren Vögel, die ein halbwildes Leben führen und nur einen altmodischen Unterschlupf hinter einer Reihe von Löchern hoch oben im Stall haben, wo die Nester ausgesetzt sind jeder Sturm; Außerdem wiegen die Jungen von Mischlingstauben im Alter von vier Wochen nur 5 bis 6 Unzen und sind so dürr und unappetitlich , dass sie um jeden Preis schwer zu vermarkten sind, während Homer im gleichen Alter zwischen 12 und 20 Unzen wiegen und es auch sind weißhäutig und rundlich. Die ausgewachsenen Homevögel kosten bei jedem anerkannten Schlag etwa zwei Dollar pro Paar, aber es macht keinen Sinn, woanders zu kaufen, denn wenn es sich bei den Vögeln nicht um verpaarte Paare handelt, kann es sein, dass Sie eine weitere Saison verschwenden. Tauben sind treue Geschöpfe und bleiben über Jahre hinweg in Paaren, und wenn einem von ihnen ein Unfall passiert, weigert sie sich häufig, sich in derselben Saison ein zweites Mal zu paaren. Junge Vögel, die zum Zeitpunkt des Verkaufs erst verpaart werden, neigen wahrscheinlich dazu, Einwände gegen die für sie gewählten Partner zu erheben und eine persönliche Entscheidung zu treffen, wenn sie inmitten eines Schwarms fremder Vögel freigelassen werden. Seien Sie also klug und kaufen Sie nur bei zuverlässigen, erfahrenen Züchtern.

Das bequemste Haus für die Aufzucht von Jungvögeln ist wie ein Hühnerstall gebaut, etwa zwölf Fuß breit, vorne acht Fuß hoch, hinten bis zu sechs Fuß geneigt und beliebig lang, je nach Anzahl der gehaltenen Vögel. Sorgen Sie für ausreichend Fenster vor dem Haus und Öffnungen von 15 cm im Quadrat, 90 cm voneinander entfernt, entlang der gesamten Rückseite des Hauses, etwa 30 cm vom Dach entfernt. Verlegen Sie ein neun Zoll dickes Brett über die gesamte Länge des Hauses als Plattform, auf der die Vögel beim Ein- und Aussteigen landen können. Es ist auch gut, ein ähnliches Brett direkt unter den Löchern im Inneren des Hauses anzubringen. Stellen Sie drei oder vier Sitzstangen in der Nähe der Vorderfenster auf, damit die Vögel an nassen Tagen von einer Seite des Hauses zur anderen fliegen können, um sich zu bewegen.

Die Anzahl der Vögel, die in jedem Haus gehalten werden können, lässt sich am einfachsten anhand der Nester abschätzen. Jedes Brutpaar muss mit Nistkästen ausgestattet sein, die in zwei Fächer von zwölf Zoll im Quadrat unterteilt sind. Sie können entlang der Seiten-, Rück- und Vorderwände sowie vom Boden bis zur Decke in Etagen angeordnet werden. Platzieren Sie die erste Etage etwa 50 cm über dem Boden, da die Vögel die unteren Nester nicht mögen. Befestigen Sie kleine, etwa 30 cm lange Sitzstangen an der Trennwand jeder Kiste, damit die Vögel bequem hin- und herfliegen und ihre Jungen füttern können.

Bevor das Haus bewohnt wird, sollte es gründlich weiß getüncht werden, der Boden muss mit Sand oder gemahlenem Gips bedeckt werden, und in jedes Fach muss ein Steingutgeschirr, sogenannte „Windeln", gestellt werden, das einen Dollar pro Dutzend kostet. Hängen Sie ein Bündel geschnittenen Heus in einer Ecke des Hauses auf, da einige Vögel gerne ihre eigenen Nester bauen, während andere offenbar denken, dass es sich um eine Handvoll Tabakstängel handelt, die man gut in jede Windel legen sollte, um Ungeziefer fernzuhalten , ist ziemlich Nest genug.

Trinkbrunnen und Futterkästen, in die die Vögel nur mit ihren Schnäbeln gelangen können, sind für Tauben unerlässlich, denn sie sind äußerst wählerisch und nehmen keine verunreinigten Speisen oder Getränke an, es sei denn, sie werden regelrecht ausgehungert. Wenn sie jedoch offene Futter- und Wasserkästen haben, verstreuen sie den Inhalt über den Boden. Auf dem Markt gibt es einen Futterkasten aus verzinktem Eisen für einen Dollar, der sieben Öffnungen hat, so dass viele Vögel gleichzeitig fressen können. Wasserbrunnen aus demselben Material sind praktisch unzerstörbar und kosten nur fünfzig Cent.

Der Hof und der Flugplatz müssen für Tauben natürlich vollständig geschlossen sein und sollten einen Meter höher sein als die Vorderseite des Hauses, damit die Vögel das Dach als Sonnenstudio nutzen können . Für die Vorderseite des Hauses verwenden wir in zwölf Fuß lange Stücke geschnittene Balken, da diese an das Haus genagelt werden können und nicht im Boden versenkt werden müssen, wie dies an der Seite und am anderen Ende der Fall sein muss . Die Balken für die Seiten und das Ende sind auf Längen von dreizehneinhalb Fuß zugeschnitten, sodass sie anderthalb Fuß in den Boden ragen können. Diese Maße ermöglichen die Verwendung von 4-Fuß-Netzen ohne Abfall. Bei einem zwölf Fuß langen Haus sollte der Garten meiner Meinung nach mindestens fünfzehn Fuß lang sein. Stellen Sie am anderen Ende des Hofes mehrere Sitzstangen auf, eine etwa zwei Fuß breite und vier Fuß lange Plattform auf drei Fuß hohen Beinen in der Mitte des Hofes, auf der die Badewannen stehen können. Tauben müssen ein Bad nehmen, denn Sauberkeit ist eine Notwendigkeit; Die beste Größe ist eine Pfanne mit etwa 60 Zentimetern im Quadrat und 10 Zentimetern Tiefe. Man kann sie aus verzinktem Eisen für einen Dollar pro Stück kaufen .

Für Tauben sind Rotweizen, Kafir-Mais, gebrochener Mais, kanadische Ackererbsen, deutsche Hirse und Hanfsamen geeignet. Sie sollten abwechselnd oder ein oder zwei miteinander vermischt werden. Natürlich ist ein Getreide manchmal billiger als ein anderes oder in bestimmten Gegenden leichter zu bekommen, aber verwenden Sie nicht ausschließlich ein Getreide. Tauben müssen Abwechslung haben.

Wir befolgen die von WE Rice, einem sehr erfahrenen Taubenzüchter, empfohlenen Rationen. Morgen: Gleiche Teile gebrochener Mais, Kafir-Mais und Weizen. Abends: Gemahlener Mais und kanadische Erbsen. Diese regelmäßigen Mahlzeiten werden in ausreichender Menge in die Futterboxen gegeben , um eine konstante Versorgung der Vögel zu gewährleisten. Leckereien, die wir zu unregelmäßigen Zeiten verfüttern, wie Hirse, Hanf und Reis, werden auf den Boden geworfen, denn da sie nur in vergleichsweise geringen Mengen verfüttert werden, werden sie sofort aufgefressen und es besteht daher keine Gefahr für sie verschmutzt. Denken Sie daran, immer roten und nicht weißen Weizen zu kaufen, denn letzterer kann sehr leicht Durchfall verursachen.

Einmal in der Woche geben wir ihnen eine Mahlzeit mit altbackenem Brot, das in Magermilch eingelegt und wieder fast trocken gepresst wurde, denn wir haben viel Magermilch und das Brot bekommen wir für 25 Cent vom Bäcker in der Stadt ein Fass. Die Frachtkosten betragen weitere 25 Cent, aber selbst bei 50 Cent pro Barrel halten wir es für ein wirtschaftliches Futter, wenn viele Jungtauben für den Markt gemästet werden müssen.

Die Elternvögel übernehmen die ganze Mühe und Verantwortung für die Fütterung und Aufzucht der Jungen bis zur Marktreife. Der Hühnervogel legt mit einem Tag dazwischen zwei Eier, deren Inkubation achtzehn Tage dauert. Nachdem die Eier geschlüpft sind, widmen beide Vögel etwa zwei Wochen lang ihre ganze Energie der Fütterung der Jungen, denn beide haben die Fähigkeit, die vorverdaute Substanz, die oft Taubenmilch genannt wird, abzusondern, von der sich die Nestlinge in den ersten Tagen ausschließlich ernähren. Am Ende von zwei Wochen hat die Henne in der Regel zwei weitere Eier in das zweite Nest gelegt, sodass die zweiten Eier schlüpfen können, wenn die Jungvögel im ersten Nest für den Markt bereit sind. Es ist diese Doppelfamilie, die zwei Nester für jedes Vogelpaar erfordert.

Sauberkeit ist im Taubenstall noch wichtiger als im Hühnerstall. Versäumen Sie nie, das Tonnest auszubrühen und das Fach, in dem es steht, jedes Mal zu tünchen, wenn Jungvögel zum Markt gebracht werden, denn nur durch ein solch strenges System kann der Ort in einem hygienischen Zustand gehalten werden. Um gesund zu bleiben, müssen Tauben Panzer, Salz und Holzkohle haben. Deshalb sollte in jedem Stall ein Selbstfutterhäuschen mit drei Fächern vorhanden sein. Geben Sie bei der Bestellung an, dass die Austernschale für Tauben gedacht ist, da diese kleiner zu zerkleinern ist als für die Hühner. Das Steinsalz und die Holzkohle sollten etwa auf die Größe von Reis gemahlen werden. Während der starken Brutzeit zerkleinern wir den größten Teil des Getreides und immer auch die Erbsen, denn wenn die Elternvögel auf Zeit zwischen ihren beiden Nestern hin und her getrieben werden, ist es sehr wahrscheinlich, dass sie ganze Körner aufsammeln und an die Jungvögel verfüttern, bevor diese verdauen können Es. Bis wir diese Nachlässigkeit entdeckten, hatten wir oft ein totes Jungtier im Nest. Die Futterkästen können gefüllt bleiben, da Tauben nie zu viel fressen und jederzeit Zugang zu Futter haben müssen, wenn sie Junge zum Füttern haben.

Wenn Sie mit ein paar Vogelpaaren beginnen, können Sie die Anzahl am besten erhöhen, indem Sie die Jungvögel verkaufen und mit dem Geld ausgewachsene Vögel kaufen, denn Tauben brauchen sechs Monate, um ausgewachsen zu sein, und es ist notwendig, zwei zusätzliche zu haben Ställe für die heranwachsenden Vögel, da diese nicht im regulären Brutstall bleiben dürfen. Wenn Sie jedoch speziell verpaarte Vögel haben und deren Nachkommen aufziehen möchten, müssen Sie die Nester im Auge behalten, und sobald die Jungen auf den Boden gelangen (die Alten stoßen sie im Allgemeinen heraus, wenn die Eier im zweiten Nest liegen). Sie können für sich selbst sorgen und sollten in eine Aufzuchtstation gebracht werden, wo das gesamte Futter mehrere Wochen lang auf die Größe von Reis gemahlen werden muss. Wenn man Größe und gute Punkte aufbauen möchte, ist es notwendig, zwei Aufzuchtställe zu haben und so in der Lage zu sein, die besten Vögel unterschiedlicher Abstammung zur Paarung auszuwählen.

Zur Veranschaulichung: Die Nestlinge von einer Seite des Hauses sollten in Kinderzimmer Nr. 1 gehen, Nestlinge von der anderen Seite in Kinderzimmer Nr. 2. Unsere Kinderstuben sind nur sieben mal zehn Fuß groß, daher haben wir nie mehr als zwanzig Vögel in jedem. und sie können innerhalb weniger Tage nacheinander eingenommen werden, wodurch sich hinsichtlich der Paarungszeit nur ein sehr geringer Altersunterschied ergibt. Wenn die Jüngeren in den Kindergärten zwischen sechs und sieben Monaten alt sind, nehmen wir von jedem einen Vogel und stecken ihn in einen Paarungskäfig, der eigentlich ein Käfig ist, vier Fuß lang, zweieinhalb Fuß tief und zwei Fuß hoch, der in einer Ecke des Futterhauses befestigt wird. Der Stall ist durch eine Gittertür in zwei Abteilungen unterteilt. In jedes Fach wird ein Vogel gelegt. Wenn es sich um Männchen und Weibchen handelt, fangen sie innerhalb von ein oder zwei Wochen an, über den Draht zu gurren und miteinander zu reden. Anschließend wird das Fach an der Oberseite des Käfigs befestigt, und sie dürfen herumlaufen Drei bis vier Tage bleiben sie im Stall, danach werden sie in ein normales Zuchthaus gebracht, wo sie bald das Nest in Besitz nehmen. Wenn sich die ausgewählten Vögel jedoch nach dem Einsetzen in den Paarungskäfig einfach gegenseitig ignorieren, wird einer von ihnen in einen anderen Käfig gebracht und zwei weitere Vögel aus dem Aufzuchthaus genommen und in die beiden Abteile gebracht . Auf diese Weise gehen wir die Nester durch, bis wir sie alle gepaart haben.

Geflügelkrankheiten

NUR in seltenen Fällen ärztlich behandelt werden, dennoch ist es gut, mit ausreichendem Wissen darauf vorbereitet zu sein, die Symptome einer drohenden Gefahr zu erkennen . Einige kleine Ställe sollten in einem trockenen, geschützten Nebengebäude untergebracht werden, das als Quarantänequartier genutzt werden kann. Leere, auf die Seite gedrehte Trockenwarenkisten, deren eine Hälfte der Vorderseite mit Brettern vernagelt ist und deren andere Hälfte mit einer Tür aus Drahtgeflecht verschlossen ist, eignen sich gut als Ställe für einzelne Patienten. Sie sollten rundherum, an den Seiten sowie oben und unten mit Dachpappe abgedeckt werden, um Zugluftfreiheit zu gewährleisten. Die Kisten können beliebig groß sein, aber ich bevorzuge sie mit einer Breite und Höhe von etwa 40 Zentimetern und einer Länge von etwa 60 Zentimetern. Um Feuchtigkeit zu vermeiden und die Vögel bequemer betreuen zu können, empfiehlt es sich, sie auf Beine zu stellen oder sie auf ein Regal oder eine Bank zu stellen. Vor dem Gebrauch oder bei jeder Räumung sollten sie desinfiziert und die Innenseite gründlich mit Tünche gestrichen werden. Die emaillierten Becher ohne Henkel können mit Drahtschlaufen seitlich am Stall befestigt werden.

Der am meisten gefürchtete Besucher auf einer Geflügelfarm ist der Rucken , denn er befällt den Vogel nicht nur während der unmittelbaren Krankheitsphase, sondern hinterlässt auch allerlei konstitutionelle Schwächen bei den Nachkommen des Vogels. Jeder Geflügelhalter sollte es sich zur Gewohnheit machen, seine Herde während der Fütterungszeiten genau unter die Lupe zu nehmen . Ein verdächtig aussehender Vogel sollte sofort gefangen und in ein Quarantänequartier gebracht werden. Die Symptome von Erkältung, Grippe, Krebs, Diphtherie und Rötung sind in den früheren Stadien nahezu identisch: tränende Augen, Niesen, Ausfluss aus den Nasenlöchern oder verstopfte Nasenlöcher (die Nasenlöcher sind die beiden kleinen Löcher an der Basis des Schnabels). . Wenn bei dem Vogel eines dieser Symptome auftritt, öffnen Sie den Schnabel und schauen Sie in den Rachen. Sollten keine Anzeichen von Beschwerden vorliegen, können Sie sicher sein, dass es sich nur um eine gewöhnliche Erkältung handelt, die nach ein paar Tagen im Krankenhaus geheilt werden kann.

Geben Sie leichte und leicht verdauliche Kost, wie altbackenes, in Brühmilch eingeweichtes und fast trocken ausgedrücktes Brot oder gut gedämpftes Maismehl. Geben Sie zehn Tropfen Kampferspiritus auf ein Stück Zucker, lösen Sie dann den Zucker in einem halben Liter Wasser auf und geben Sie ihn in den Trinkbecher. Wenn bei der Untersuchung jedoch gelbe Flecken im Mund oder im Rachen oder ein dicker, schleimiger Ausfluss aus Augen und Nasenlöchern festgestellt werden, handelt es sich um einen schweren

Fall von Katarrh oder Schnupfen, der sich, wenn er vernachlässigt wird, zu einem bösartigen Schnupfen entwickeln kann . Im gesamten Spektrum der Erkältungs- und Schnupfenerkrankungen tritt kein besonderer Geruch auf , bis sich bösartige Schnupfen positiv entwickelt. Dann entsteht ein höchst beleidigender und unverwechselbarer Geruch .

Behandeln Sie alle Krankheiten, die über eine Erkältung hinausgehen, als Gruppe , und Sie werden auf der sicheren Seite sein. Im letzten und bösartigsten Stadium des Vogelschwarms ist es sehr wahrscheinlich, dass Gesicht, Augen oder Kopf stark geschwollen sind, und wenn sich ein solcher Zustand entwickelt hat, ist es ratsam, den Vogel zu nehmen, bevor er aus dem Schwarm entfernt wird Desinfizieren Sie vorsichtshalber die Trink- und Futternäpfe, räumen Sie den Geflügelstall generell auf und fügen Sie dem Trinkwasser für einige Tage ein Desinfektionsmittel hinzu. Normalerweise verwende ich Kaliumpermanganat, weil es günstig ist und als Keimtöter am wirksamsten ist. Lösen Sie einen Teelöffel voll in einem Liter warmem Wasser auf, und Sie erhalten eine so starke Lösung, dass Sie sie für alle gewöhnlichen Anwendungen noch einmal im Verhältnis von einem Teelöffel auf fünf Teelöffel Wasser verdünnen können.

Behandlung von Augenrötungen : Waschen Sie zunächst den eventuell angesammelten Ausfluss um die Augen und den Schnabel mit warmem Wasser und Permanganat ab. Füllen Sie dann einen Zerstäuber mit verdünnter Permanganatlösung und sprühen Sie Hals und Nasenlöcher gründlich ein. Wiederholen Sie dies abends und morgens, solange es notwendig erscheint. Halten Sie die bei Erkältungen empfohlene Schonkost ein.

Verdauungsstörungen und Zwischenstadien bis hin zu akuter Gastritis und Leberbeschwerden haben alle die gleichen Ursachen und werden durch die gleichen Heilmittel bekämpft, daher werden wir sie im Zusammenhang betrachten. Sie werden durch indiskrete oder übermäßige Fütterung verursacht; Maische, die sauer geworden ist; ein Überschuss an Brot, Kartoffeln oder Fett in Essensresten, die an die Vögel verfüttert werden; Mangel an Mais, Gemüse oder scharfem Sand; Konditionspulver, Eierspeisen und ähnliche Gewürze können, wenn sie häufig verabreicht werden, die Verdauungsorgane beeinträchtigen und Verdauungsstörungen hervorrufen. Zuerst sieht der Betroffene trübsinnig und dumm aus; der Kamm ist blass. In diesem Stadium werden ein paar Tage Krankenhausaufenthalt und eine Dosis Magnesia und eine Reformierung der Ernährung eine Heilung bewirken. Geben Sie etwa einen Drittel Teelöffel Sulfatmagnesia in eine Tasse Trinkwasser. Füttern Sie einen Brei aus drei Teilen fein geschnittenem Kleeheu, das gründlich gedämpft wurde, und je einem Teil grob gemahlenem Mais und Hafer. Wenn Sie kein Kleeheu haben, verwenden Sie stattdessen Weizenkleie; Gehackte Äpfel, Salat oder anderes

Gemüse sollten die Mittagsmahlzeit sein. Stellen Sie eine kleine Pfanne mit scharfem Sand in den Korb. Frühere Symptome sind wässriger, gelblicher Kot und Durst sowie eine feuerrote Verfärbung der Wabe, die sich mit zunehmender Verschlechterung des Zustands des Vogels allmählich ins Purpurrot verfärben kann. Einen Teelöffel Rizinusöl verabreichen; Füttern Sie sparsam mit Brei, der zu diesem Zeitpunkt aus gekochtem Reis, gebrühtem Brot und Milch oder Hüttenkäse bestehen sollte. Wenn die Ruhr sehr stark ist, füllen Sie ein Trinkgefäß mit dem Wasser, in dem der Reis gekocht wurde. Geben Sie nach acht Stunden dieser Diät 25 Tropfen Nux vomica-Tinktur zu einem halben Liter Reiswasser hinzu. Fahren Sie etwa eine Woche lang mit leichter, nahrhafter Kost fort.

Im Herbst werden Hühner häufig in Freilandhaltung gelassen, bevor der Mais und andere Feldfrüchte geerntet werden, was zur Folge hat, dass sie sich mit neuem Mais vollstopfen, der sehr anfällig für Hitze und Schwellung ist. Im Sommer ist es sehr wahrscheinlich, dass man Gras mäht und es den Hühnern auf dem Hof zuwirft, die es gierig fressen, aber weil es zu lang ist, verursacht es ausnahmslos Ärger. Rasenschnitt, der nicht länger als einen Zentimeter ist, ist ziemlich sicher und liefert natürlich die benötigte grüne Nahrung, nach der sie sich besonders bei heißem Wetter sehnen. Wenn sich herausstellt, dass der Vogel einen ungewöhnlich großen Kropf hat und Anzeichen von Unwohlsein zeigt, fangen Sie ihn und halten Sie ihn an den Füßen, mit dem Kopf nach unten, und bearbeiten Sie dann vorsichtig den Kropf, um einen kleinen Teil des Inhalts in die Kehle und durch den Schnabel herauszudrücken . Selbst wenn auf diese Weise nur wenige Körner ausgeworfen werden können, hilft dies dem angespannten Zustand der Ernte und lindert die Leiden des Vogels. Verabreichen Sie eine Dosis Rizinus- oder Süßöl.

Manchmal kann einem hartnäckigen Fall nicht mit einfachen Mitteln geholfen werden, und dann muss auf eine Operation zurückgegriffen werden. Binden Sie die Füße und die Flügel eng am Körper mit einem breiten Streifen Musselin zusammen, legen Sie den Vogel auf die Seite auf den Tisch, bitten Sie um Hilfe, ihn ruhig zu halten, und machen Sie mit einem scharfen Taschenmesser zunächst einen kleinen Schlitz hinein Ziehen Sie die Außenhaut leicht nach außen und führen Sie dann einen Einschnitt in die Ernte selbst durch. Entnehmen Sie den Inhalt vorsichtig. Sie müssen vor der Operation überhaupt keine Angst haben, sie ist völlig schmerzlos. Nachdem der Kropf entleert ist, nehmen Sie eine mäßig feine Nadel und fädeln Sie feine Nähseide ein. Nehmen Sie zwei bis drei Stiche in den Kropf und schneiden Sie den Faden ab, ziehen Sie die Ränder der Außenhaut zusammen und befestigen Sie sie mit zwei bis drei Stichen. Selbstverständlich dürfen Gerte und Außenhaut auf keinen Fall durch Nähte miteinander verbunden werden. Halten Sie den Vogel eine Woche oder zehn Tage lang mit sehr mageren Rationen versorgt.

Die häufigste Erkrankung im Säuglingsalter Es handelt sich um Darmbeschwerden , und man sollte während der gesamten Brutzeit auf die ersten Anzeichen achten, da ein paar Stunden für das gebrechliche Leben des Babys viel bedeuten . Kälte, Feuchtigkeit, falsche Ernährung oder schmutziges Trinkwasser sind die häufigsten Ursachen. Sollten Sie feststellen, dass der Kot schlaff ist, entfernen Sie das Trinkwasser und ersetzen Sie ihn entsprechend den Symptomen entweder durch überbrühte und abgekühlte Milch oder durch Reiswasser. Füttern Sie mindestens einmal täglich gekochten Reis. Befinden sich die Küken in einem Brutkasten, stellen Sie die Temperatur etwas höher ein als unter normalen Umständen. Wenn sie mit einer Henne zusammen sind, halten Sie sie im Brutstall fest, um sicherzustellen, dass sich die Küken an sie schmiegen können.

Gapes ist die zweite Geißel des Kükenlebens. Gapes ist keine wirkliche Krankheit, sondern die Wirkung eines parasitären Wurms, der nur auf Böden auftreten soll, auf denen über mehrere Saisonen hinweg Geflügelkot abgelagert wurde. Ein Gapeworm ist nur etwa fünf Sechzehntel Zoll lang und nicht dicker als ein feiner Faden. Sobald es in die Kehle des Vogels eingeführt wird, bleibt es dort hängen und saugt das Blut seines Opfers, und natürlich hat ein kleines Küken nicht die Kraft, es auszuwerfen, egal wie sehr es husten oder klaffen mag. Sie vermehren sich sehr schnell. Einige der Abhilfemaßnahmen sind wie folgt: Tauchen Sie das Ende einer kleinen Flügelfeder in Terpentin, drücken Sie sie in die Kehle des Vogels, drehen Sie sie zwei- oder dreimal schnell und ziehen Sie sie heraus. Der Wurm kann dabei sein. Eine andere Möglichkeit besteht darin, Salz und Wasser zu mischen oder Tabak zehn Minuten lang in Wasser einweichen zu lassen; Gießen Sie einen Esslöffel voll in die Kehle des Vogels, halten Sie dabei den Kopf hoch und bedecken Sie die beiden Löcher an der Basis des Schnabels mit Daumen und Zeigefinger, während Sie bis fünf zählen. Lassen Sie den Vogel los und drehen Sie ihn plötzlich auf den Kopf, wobei Sie ihn an den Füßen festhalten. Es keucht, stottert und wirft normalerweise den Wurm aus. Um die Schädlinge auszurotten, bestreuen Sie den Boden, auf dem die Vögel eingepfercht und gehalten wurden, mit Branntkalk (damit die Vögel sicher eingepfercht bleiben, damit sie nicht in den Kalk gelangen oder ihn fressen können). Lassen Sie es über Nacht liegen und pflügen Sie es dann unter. Wenn eine solche Behandlung nicht möglich ist, bringen Sie das gesamte Jungvieh in einen anderen Teil des Betriebs. Ausgewachsene Vögel haben die Kraft, die Würmer auszuwerfen.

DER GEMÜSEGARTEN

ES sich, den Garten bereits im Frühjahr auf Papier zu planen und Saatlisten zu erstellen. Natürlich gibt es in jeder Familie besonders bevorzugte Gemüsesorten, die Vorrang vor anderen haben, so dass allein der individuelle Geschmack den zugeteilten Platz für jede Sorte bestimmen kann. Unsere Auswahl und Planung erfolgte unter gebührender Berücksichtigung von Tafelgurken und Konserven, die alle reichlich zur Verfügung standen. Wenn Ihr Urteilsvermögen zu solchen Themen also noch zu unentwickelt ist, als dass man Ihnen vertrauen könnte, akzeptieren Sie unsere diesjährige Erfahrung, und dann werden Sie wissen, wie Sie sie für Ihre persönlichen Bedürfnisse rekonstruieren können. Bei der Planung auf dem Papier sollte neben der Frühjahrsaussaat auch die zweite Ernte berücksichtigt werden.

Einer der Vorteile der frühzeitigen Lieferung von Saatgut besteht darin, dass Sie sicher sind, die ausgewählten Sorten zu erhalten, während später in der Saison häufig „die besten" ausverkauft sind.

Bedenken Sie bei der Standortwahl, dass eine leichte Neigung nach Süden oder Südosten wünschenswert ist. Die Größe muss stark davon abhängen, ob Sie ein separates Beerenbeet anlegen möchten oder nicht. Eine durchschnittliche Kleinfamilie von 30 mal 75 Fuß versorgt den Tisch mit Gemüse, mit Ausnahme von Winterkartoffeln, die eigentlich auf dem Feld angebaut werden sollten.

Für Schutz vor den Nordoststürmen sollte gesorgt werden. Zeder oder Liguster sind für solche Zwecke die ideale Absicherung, aber es kostet Geld und Zeit; Greifen Sie daher während der Entwicklung auf den brauchbaren Hürdenzaun aus Reisig zurück.

Bei schönem Wetter sollte in den letzten beiden Märzwochen das für den Gemüsegarten vorgesehene Stück Land gepflügt und geeggt werden.

Lassen Sie gut verrotteten Stallmist vor dem Pflügen auf der Oberfläche verteilen, die zunächst tief sein sollte. Nach zwei bis drei Tagen Lüften erneut pflügen und die Furchen kreuzweise ziehen; dann eggen und walzen und noch einmal eggen, bis jeder Klumpen zerkleinert ist. Eine gründliche Vorbereitung des Bodens sollte niemals gescheut werden, denn sie ist mehr als die halbe Miete. Ich möchte Sie davor warnen, das Pflügen durchzuführen, wenn der Boden nass ist. Ein großer Teil der Enttäuschung, die Stadtbewohner erleben, ist auf den natürlichen Wunsch des Amateurs zurückzuführen, zur Arbeit zu gehen. Erde, die gepflügt, gegraben oder gehackt wird, wenn sie nass oder durchnässt ist, backt und verkrustet den ganzen Sommer über. Die richtige Konsistenz lässt sich ermitteln, indem man eine Handvoll aufnimmt und ausdrückt. Wenn es ein fester Klumpen bleibt , ist es zu nass, aber wenn es sich leicht zusammendrücken lässt und beim Loslassen ebenso leicht auseinanderfällt, ist es in genau dem richtigen Zustand zum Arbeiten, wird eine saubere Furche ziehen und unter der Egge leicht zerbröckeln. Für Kartoffeln ist Grasnarbenboden wünschenswert. Wenn es also einen Streifen Grasland gibt, der erneuert werden muss, lassen Sie ihn für die Winterernte gut pflügen, eggen und in Reihen mit einem Abstand von 25 cm abgrenzen.

EINE ECKE DES GEMÜSEGARTENS

Fast jeder alte Bauer hat eine Theorie darüber, wie und in welcher Größe Kartoffeln zum Anpflanzen geschnitten werden. Nachdem wir uns verschiedene Methoden angehört und ausprobiert haben, sind wir zu dem Schluss gekommen, dass es viel besser ist, große Knollen in vier Teile und kleine der Länge nach in der Mitte zu schneiden , als jedes Auge sorgfältig zu zerlegen und dann beim Pflanzen zwei Stücke zu verwenden, insbesondere als Die unzähligen Experimente, die an den landwirtschaftlichen Stationen durchgeführt wurden, haben gezeigt, dass die Augen Nährstoffe für den Lebensunterhalt und das Wachstum aus der Kartoffel selbst aufnehmen, bis die Sprossen Stängel entwickeln, die Gelenke bilden, an welcher Stelle Wurzeln entstehen, was zweifelsfrei beweist, dass es sich nicht um das Stück Kartoffel handelt Wenn die gepflanzte Pflanze groß genug ist, um das oder die darin enthaltenen Augen ausreichend zu ernähren, muss das Wurzelwachstum, das für die Nahrungsversorgung der nachfolgenden Knollen erforderlich ist, geschwächt werden. Wir pflanzen auf jeden Fuß in der Reihe eine Viertelkartoffel und bedecken sie mit einer Tiefe von 10 bis 12 cm. Dabei wählen wir Boden aus, der im Jahr zuvor stark gedüngt wurde, und streuen Holzasche auf die Oberfläche, nachdem die Samen bedeckt wurden.

Fehlt diese Quelle, muss handelsüblicher Dünger speziell für Kartoffeln gekauft werden. Um eine gute Ernte zu gewährleisten, ist eine gründliche Bearbeitung erforderlich. Bald – sagen wir sieben oder acht Tage nach der Pflanzung – fahren Sie mit der Egge über das Feld, um die Unkrautkeime abzutöten und die Oberfläche zu ebnen. Sobald sich die Pflanzen zeigen, kultivieren Sie erneut, aber natürlich nur zwischen den Reihen und mit einem gewöhnlichen Grubber. In regelmäßigen Abständen wiederholen.

Es wird geschätzt, dass für die Bepflanzung eines Hektars fünfzehn Scheffel Kartoffeln benötigt werden, nachdem sie in Viertel geschnitten wurden, was einhundertdreißig Scheffel verkaufsfähiger Kartoffeln ergeben sollte, womit große und mittelgroße Kartoffeln gemeint sind, kleine nicht die Berechnung. Es wird aller Wahrscheinlichkeit nach etwa dreißig Scheffel dieser Zwerge geben, die gekocht und püriert ein ausgezeichnetes Mastfutter für Geflügel und Schweine sind.

Der für Karotten vorgesehene Raum erfordert eine äußerst gute Bearbeitung, da der Boden gründlich pulverisiert werden muss . Binden Sie die Samen in ein Stück Käsetuch, lassen Sie sie zwölf Stunden lang in Wasser einweichen und hängen Sie sie dann in einem warmen Raum auf, damit sie abtropfen und ausreichend trocknen können, damit sie beim Pflanzen nicht zusammenkleben. Eine weitere Hilfe, die wir diesen empfindlichen Sämlingen geben, besteht darin, alle sechs Zoll einen Rettichsamen fallen zu lassen, da sie schnell keimen und ein starkes Samenblatt auswerfen, das die Kruste über der Reihe aufbricht und den empfindlichen Karottensprossen freien Zugang ermöglicht.

Lassen Sie einen Abstand von zwei Fuß zur letzten Kartoffelreihe, spannen Sie die Leine und ziehen Sie mit einem spitzen Stock einen flachen Bohrer hinein, um die Karottensamen auszustreuen. Die Bedeckung darf nicht mehr als einen Viertel Zoll betragen; fest andrücken. Zwischen jeweils zwei Karottenreihen einen Fuß Platz lassen. Lassen Sie die Samen ziehen und verwenden Sie zunächst nur die Hälfte, pflanzen Sie den Rest zwanzig Tage später ein. Bei gutem Boden und gutem Anbau sollten Sie Ende Juni Karotten haben.

Ein Abstand von 30 Zoll muss die Karotten von den Rüben trennen. Bereiten Sie den Boden wie zuvor vor, aber bohren Sie die Sämaschine einen halben Zoll tief und lassen Sie die Saat im Abstand von einem halben Zoll fallen, wobei die Reihen 60 cm voneinander entfernt sind. Diese sollten in der ersten Juniwoche einsatzbereit sein. Bewahren Sie die Hälfte des Saatguts für die spätere Aussaat auf.

Frühe Rüben können noch einen halben Meter weiter wachsen. Bohren Sie einen halben Zoll tief, die Reihen einen Fuß voneinander entfernt.

„Zuallererst "-Erbsen sind Halbzwergerbsen, bringen aber viel mehr Ertrag, wenn sie etwas Unterstützung erhalten . Wir pflanzen alle zwei Reihen in einem Abstand von 7 Zoll in einem 1 Zoll tiefen Bohrer, und wenn die Erbsen 5 cm hoch sind, stecken wir Gestrüpp zwischen die Reihen und bilden so eine Hecke aus Weinreben, wenn sie entwickelt sind. Zwei Reihen sollten einen Abstand von 60 cm haben.

Machen Sie für Zwiebelsätze anderthalb Zoll tiefe Bohrer und platzieren Sie die Sätze aufrecht und in einem Abstand von 10 bis 15 cm. Festigen Sie die Erde rundherum und einen Viertelzoll darüber. Diese liefern Frühzwiebeln zum Kochen. Für Zwiebelsamen kann der Boden nicht sorgfältig genug vorbereitet werden, da sie wie Karotten lange keimen und äußerst empfindlich sind. Als Pioniere können wieder ein paar Radieschensamen dienen. Anstelle von handelsüblichem Dünger wird für Zwiebeln der Geflügelkot verwendet, der durch Mahlen in einer alten Hackmaschine zu Pulver zerkleinert wird. Streuen Sie reichlich, innerhalb eines Zolls von der Mitte der Reihe und von 7 bis 10 cm auf jeder Seite davon. Sofern es nicht innerhalb weniger Tage regnet, gießen Sie sehr gründlich mit einer Sprinkleranlage. Hühnerkot scheint für alle Blumenzwiebeln und Knollen besonders wünschenswert zu sein.

Salatsamen benötigen gut angereicherten Boden; Bohren Sie einen Viertel Zoll tief, die Reihen einen Fuß voneinander entfernt.

Ab dem Zeitpunkt, an dem die Samen in den Boden eingebracht werden, muss die Kultivierung kontinuierlich erfolgen, wobei zwischen den Reihen häufig genug geharkt werden muss, um die Unkrautkeime zu vernichten. Zehn Minuten leichte Arbeit mit dem Rechen, bevor sich Unkraut entwickelt, erspart Ihnen stundenlange harte Arbeit mit der Hacke. Der Anbau ist nicht nur erforderlich, um Unkraut zu vernichten, sondern auch, um Luft zuzuführen und die gesamte Feuchtigkeit aus dem Untergrund nach oben zu transportieren, um so die Pflanzenwurzeln während ihrer Entwicklung zu nähren und ein Verbacken des Bodens zu verhindern. Den Boden um die Pflanzen herum nicht zu bearbeiten, ist genauso schädlich für die Gesundheit wie das Einsperren eines Kindes in einen unbelüfteten Raum.

Salat-, Kohl- und Blumenkohlpflanzen sollten nun ausgepflanzt werden. Bereiten Sie die Reihen wie für die Aussaat vor und bohren Sie mit dem spitzen Stock, der zum Markieren der Reihen verwendet wird, Löcher direkt unter der Linie – 25 cm voneinander entfernt für Salat, 30 cm für Kohl und Blumenkohl. Geben Sie etwas Wasser in das Loch, packen Sie die Erde um die Wurzel und den Stängel herum, gießen Sie reichlich und ziehen Sie dann trockene Erde über die feuchte Oberfläche, um zu verhindern, dass die Feuchtigkeit verdunstet oder sich eine Kruste bildet. Um das Wurzelwachstum zu fördern, schneiden Sie die äußeren Blätter mit einer scharfen Schere bis zur Hälfte ab. Wenn möglich, sorgen Sie für einen gewissen Schutz, bis sich die Pflanzen etabliert haben.

Tomaten, Paprika und Auberginen sollten etwa am 20. Mai ausgepflanzt werden. Tomaten und Auberginen stehen zweieinhalb Fuß voneinander entfernt, jede einzelne Pflanze ist bis zu einer Tiefe von einem Meter und einem Umfang von zwei Fuß sehr stark angereichert. Gehen Sie beim Pflanzen wie beim Kohl vor, schneiden Sie jedoch nicht die Blätter quer ab, sondern schneiden Sie die beiden Herzblätter jeder Pflanze ab. Durch die Kontrolle des Spitzenwachstums verzweigt sich die Pflanze und bildet einen stämmigen Busch anstelle eines spindelförmigen Spitzenwachstums, das bei der Bildung unter dem Gewicht der Früchte bricht.

Wenn das „Zuhause" ein idealer Ruhepol sein soll, muss es hübsch sein. Aus wirtschaftlichen Gründen ist es vielleicht nicht möglich, Pflanzen für den Blumengarten zu kaufen, aber wenn Sie ein wenig vorausschauend vorgehen, können Sie den ganzen Sommer über zu geringen Kosten eine schöne Blumenpracht genießen. Besorgen Sie sich bei Ihrem Lebensmittelhändler einige flache Kartons. Sie sollten nicht tiefer als 7,5 cm und etwa 50 cm lang und 30 cm breit sein. Wenn es nicht möglich ist, das Gewünschte zu bekommen, sägen Sie eine 15 oder 17 cm große Schachtel in zwei Hälften und verwenden Sie den Deckel als Boden für die zweite Schachtel.

Lassen Sie den Schimmel vor der Aussaat gründlich pulverisieren und bereiten Sie eine zusätzliche Menge vor, die Sie zum Bedecken der Samen verwenden. Dazu fülle ich ein ziemlich feines Sieb zur Hälfte und schüttle es über der Schachtel, bis eine gleichmäßige Schicht über den Samen entsteht. Der durchschnittliche kleine Blumensamen sollte nicht mehr als einen Zentimeter groß sein. Ein Brett, das in die Schachtel passt, sollte fest angedrückt werden, um sicherzustellen, dass die Samen fest in der Form verankert sind . Andernfalls gelangt die Luft um sie herum, trocknet aus und tötet die ersten schwachen Lebenskeime ab. Nach dem Pflanzen und Abklopfen leicht bestreuen und die Kästen an einem Süd- oder Südwestfenster in einem Wohnzimmer aufstellen, wo die Durchschnittstemperatur 60 Grad beträgt. Die Boxen müssen auf das sogenannte „Dämpfen" überwacht werden. Es ist leicht daran zu erkennen, dass die Sämlinge kränklich aussehen und der Stängel in Bodennähe schrumpft oder verbrennt. Sobald das Gefahrensignal bemerkt wird, pikieren Sie in neue Kisten entsprechender Größe oder etwas tiefer. Die Sämlinge müssen nicht mehr als einen halben Zoll voneinander entfernt gepflanzt werden. Bereiten Sie die Form in den Kisten auf die gleiche Weise wie für die Samen vor, tupfen Sie sie ab und machen Sie mit einem Zahnstocher die Löcher, in die die Jungpflanzen gesteckt werden sollen, wobei Sie die Erde um sie herum mit dem Zeigefinger jeder Hand sanft festigen. Sollten bei den

Sämlingen keine Anzeichen von Schwäche zu erkennen sein, pikieren Sie sie dennoch in frische Kisten, wenn sich die zweiten Blätter entfalten.

„ Bovee "-Kartoffeln für den frühen Gartenanbau	1 Kuss,	0,75 $
Karotten, „Ochsenherz"	1 Unze,	.10
Blumenkohl, „Früher Schneeball"	1 Paket,	.25
Sellerie	1 Paket,	.10
Rüben	2 Unzen,	.20
Rosenkohl	1 Paket,	.10
Kohl, „Jersey Wakefield"	1 Paket,	.15
Kohl, „Herbstkönig"	1 Paket,	.15
Grünkohl, „Zwerggrün"	1 Unze,	.10
Salat, „Boston Market"	1 Unze,	.15
Erbsen, „zuallererst"	1 Pint,	.15
Erbsen, „Petit Paris"	½ Pint,	.10
Erbsen, „Champion of England"	1 Viertel,	.30
Rüben, „Early Flat Dutch"	1 Paket,	.05
Rüben, „Purple Top Aberdeen"	1 Paket,	.05
Rüben, „Rutabaga"	1 Paket,	.10
Weiße Zwiebelsets	1 Viertel,	.25
Rote Zwiebelsets	1 Viertel,	.25
Zwiebelsamen, „ Pricetaker "	1 Unze,	.20
Gurke, „White Spine"	1 Paket,	.10
Aubergine, „New York Spineless"	1 Paket,	.10
Tomate, „Crimson Cushion"	1 Paket,	.10

Pepper, „Rubinkönig"	1 Paket,	.10
Warzenmelone, „Delmonico"	1 Paket,	.10
Kürbis, „Long Island" (Sommer)	1 Paket,	.10
Kürbis, „Gregory" (Winter)	1 Paket,	.10
Grüne Buschbohne, „The Longfellow"	1 Paket,	.10
Stangenlimabohne, „Leviathan"	1 Paket,	.10
Okra, „Langes Grün"	1 Paket,	.05
Rettich, „Scharlachrote Rübe"	1 Unze,	.10
Mais, „Landherr"	1 Paket,	.15
Kräuter – Petersilie, Salbei, Bohnenkraut, Thymian, Majoran, Anis, Wermut, Safran, Rainfarn	Je 1 Päckchen,	.40
Gesamtkosten		4,95 $

Die Brutstätte

DIE Außenhüllen von Frühbeet und Frühbeet sind identisch und können von jedem Handwerker hergestellt werden. Da alle Flügel in einer Größe hergestellt werden, nämlich sechs mal drei, müssen die Kästen übereinstimmen; Um sicherzustellen, dass das Wasser abfließt und die gesamte Kraft der Sonne genutzt wird , müssen sie der Länge nach geneigt sein, wobei das obere Ende eines Kastens drei bis vier Zoll höher sein muss als der Boden. Der gewöhnliche Kasten- oder Bettrahmen ist am oberen Ende sechs Fuß lang, drei Fuß breit und fünfzehn Zoll hoch, am Fuß auf zwölf Fuß geneigt und steht auf der Erdoberfläche, aber der Plan, den wir nach mehreren Jahren angenommen haben Die Erfahrung besteht darin, eine drei Fuß tiefe, sechs Fuß zwei Zoll lange und drei Fuß zwei Zoll breite Grube zu graben und den Kasten am oberen Ende zwanzig Zoll hoch zu bauen, am Fuß auf siebzehn Zoll abzufallen und natürlich sechs Fuß lang und drei Fuß Er ist 30 cm breit, so dass er innerhalb des Unterstands und 10 cm unter der Oberfläche des umgebenden Bodens stehen kann, wodurch effektiv verhindert wird, dass kalte Luft um den Boden herum eindringt. Für die Seiten und Enden verwenden wir zwei Zoll dicke Resonanzbretter und für die Eckstreben zweifache Stützen.

Sehr gut gefertigte Kästen und Schärpen, die genau passen, werden von einigen Gewächshausbauern für etwa acht Dollar verkauft. Um Expresskosten zu sparen, werden sie zerlegt verschickt, sind aber zum Zusammenschrauben bereit. Sie sind in der üblichen Größe von 15 x 30 cm für Einzelbetten oder in Gruppen von drei bis fünf Betten erhältlich, mit leichten Trennwänden, auf denen die Flügel aufliegen. Das fünfteilige Bett kostet etwa zwölf Dollar, erfordert aber fünf Schärpen, was fünfzehn Dollar ausmacht, und die Trennwände, die meiner Meinung nach etwa einen Dollar pro Stück kosten.

Um es bei schlechtem Wetter bequem zu machen, empfiehlt es sich, die Betten in der Nähe des Hauses aufzustellen, und wenn möglich, von Norden her geschützt und nach Süden ausgerichtet. Frischer Pferdemist stellt die Heizleistung in einer Brutstätte dar. Wir verwenden festen Kot und trockene Blätter, etwa zur Hälfte. Die Reifung erfolgt im Mistschuppen, indem man ihn zu einem etwa einen Meter hohen und einen Meter breiten Haufen aufhäuft und gründlich mit flüssigem Mist bestreut. Nach dem Mischen lässt man es einige Wochen stehen, dann wird es im Abstand von jeweils zwei Wochen zweimal umgerührt. Der gesamte Kot sollte gut zerkleinert und mit den Blättern vermischt werden, und die gesamte Masse sollte zwischen den einzelnen Gabelungen wieder aufgeschichtet werden .

Nachdem der Reifeprozess abgeschlossen ist, muss es bis zu einer Tiefe von zweieinhalb Fuß in den Boden der Brutstätte gepackt werden. Es sollte glatt verlegt und gut festgestampft werden. Setzen Sie den Flügel ein, und innerhalb weniger Tage steigt die Hitze auf über 100 Grad. Heben Sie den Flügel an einem Ende leicht an und warten Sie, bis die Temperatur auf etwa 30 °C gesunken ist. Legen Sie dann etwa 15 cm dicke, faserige Erde darüber. Wir stellen unsere Blumenerde mehrere Monate vor ihrem Bedarf her , indem wir das alte Heizmaterial aus verbrauchten Beeten mit einer gleichen Menge Erde aus Rasenflächen und etwa einem Drittel der Menge sauberen, scharfen Sandes vermischen. Nach gründlichem Mischen wird es zu einem großen Haufen aufgehäuft und der Witterung ausgesetzt, bis es benötigt wird, oder bis zum Spätherbst, wo es in einen Schuppen gestellt und trocken gehalten wird, um ein Einfrieren zu verhindern, und als Blumenerde und Abdeckung für frische Brutstätten dient wird oft im zeitigen Frühjahr benötigt. Kurz vor der Verwendung wird es durch ein Sieb gesiebt, um alle Klumpen zu entfernen.

Im ersten Jahr, wenn kein altes Beet zum Entleeren vorhanden ist, kann eine gute Topdüngung oder Topfform hergestellt werden, indem man tiefe Grasnarben schneidet, die Erde von den Wurzeln schüttelt und sie mit einer gleichen Menge altem, gut verrottetem Kuhmist vermischt und etwa ein Viertel der Menge sauberen Sandes. Es ist unbedingt erforderlich, all diese Dinge im Herbst vorzubereiten. Die Außenseite eines Brutbeetes sollte mit grobem Stallmist aufgefüllt werden und der Fensterrahmen sollte bei extremer Kälte nachts mit Matten und Fensterläden abgedeckt werden. Alte Teppiche oder Säcke aus Sackleinen, gefüllt mit geschnittenem Heu, kosten nichts außer Zeit und sind recht gut geeignet. Wir verwenden Polster, für die allerlei Altkleider verwendet werden . Dann werden ungebleichte Platten verwendet, die groß genug sind, um den Flügel, die Seiten und die Enden abzudecken und bis weit auf den Boden zu reichen. Die Platten sind mit zwei Schichten Öl versehen und somit unempfindlich gegenüber Regen oder Schnee, und unserer Meinung nach besser als Fensterläden aus Holz.

mit Wintersalaten wagen , die erste Zusammenkunft zu Thanksgiving und von da an bis zum Frühling. Beginnen Sie in der ersten Oktoberwoche mit einem Beet, säen Sie drei Reihen Salatsamen im Abstand von fünf Zoll und säen Sie drei verschiedene Sorten: Tennisball, Boston Market und Big Boston. zwei Reihen Krausekresse (Pfeffergras) im gleichen Abstand und fünf Tage später zwei Reihen weißen Senf. Bereiten Sie acht oder zehn Tage später ein zweites Beet vor, damit die Temperatur zu dem Zeitpunkt, an dem der Salat groß genug zum Umpflanzen ist – etwa drei Wochen nach der Aussaat des Samens – auf etwa fünfundsiebzig Grad angestiegen und abgesunken sein kann. Legen Sie die Sämlinge im Abstand von jeweils 20 cm in das neue Beet und säen Sie Radieschensamen zwischen den Reihen.

Wenn Sie genügend Rahmen haben, pflanzen Sie die drei verschiedenen Salatsorten in verschiedene Beete. Sie werden in der genannten Rotation reifen. Zwischen den Reihen des Boston Market und des Big Boston können Zwiebelsamen ausgesät werden. Wenn Sie Salat zum Umpflanzen auswählen, wählen Sie die kräftigen Sämlinge aus verschiedenen Teilen der Reihen aus, sodass beim Ausdünnen der überschüssigen Pflanzen der Rest ungestört wachsen kann.

Senf und Kresse sind sieben bis zehn Tage nach der Senfaussaat schnittbereit. Schneiden Sie die Kresse mit einer Schere etwas über der Erde ab und sie treibt immer wieder neue Triebe aus. Senf muss nach jeder Ernte gesät werden, aber da die Entwicklung nur halb so lange dauert, ist er fertig, wenn die zweite Kresseernte ansteht. Senf sollte mehr als 2,5 Zentimeter über dem Boden wachsen. Bei der Bewirtschaftung mehrerer Brutstättenkulturen ist es wichtig zu bedenken, dass die Heizkraft des Mists nur etwa sieben Wochen anhält. Bohnen, Rüben und Mangold sowie solche robusten Sorten, deren Reifung zwei Monate oder länger dauert, leiden nicht unter der nachlassenden Hitze, sondern gedeihen in einem ausgedienten Frühbeet oder Frühbeet genauso gut oder besser , bei dem es sich lediglich um eine Brutstätte ohne Heizmaterial handelt. Wenn jedoch sehr kaltes Wetter einsetzt, schütten Sie an den Seiten und Enden reichlich frischen Mist auf, um zu verhindern, dass die Kälte in den Bettkasten eindringt, und legen Sie nachts extra schwere Matten über den Schieberahmen.

Mit Auberginen, Tomaten und Paprika sollte in der letzten Februarwoche begonnen werden, mit Sellerie, Kohl, Blumenkohl und Rosenkohl etwa am 1. März. Ein Beet sollte für Zwiebelsamen reserviert werden (Aussaat Ende Februar), und die Sämlinge können in ein anderes Beet oder Frühbeet gepflanzt werden, wenn sie etwa fünf Zentimeter hoch sind. Im April werden kräftige Zwiebeln im Garten ausgepflanzt. Gurken, Zuckermelonen und Kürbisse können alle Anfang April auf Rasenflächen in einem Frühbeet gepflanzt werden und sind bis zum 20. Mai robuste Pflanzen.

WIE MAN SPARGEL ANBAUT

WARUM es nicht in jedem Garten ein Spargelbeet gibt, ist mir ein unergründliches Rätsel. Es ist allgemein beliebt; selbst Feinschmecker halten es für eine Delikatesse. Es ist im sehr frühen Frühling bereit für den Tischgebrauch, wenn jeder Lust auf frisches Gemüse hat, und es lässt sich genauso einfach anbauen wie jedes andere Gemüse, nachdem es erst einmal etabliert ist.

Wahrscheinlich erklärt das letzte Wort das Geheimnis. Es dauert drei Jahre, es zu etablieren bzw. in die Gewinnzone zu bringen. In der zweiten Saison kann eine leichte Ernte eingefahren werden, sodass der heimische Tisch fast genauso schnell profitiert wie bei Artischocken oder Erdbeeren. Was auch immer die Ursache sein mag, es bleibt die Tatsache, dass ein Spargelbeet auf einem Bauernhof selten zu finden ist. Doch die finanziellen Vorteile, die der Spargelanbau mit sich bringt, reichen aus, um auch den ehrgeizigsten Gärtner zufrieden zu stellen.

Drei Jahre nachdem wir unser erstes Saatbeet angelegt hatten, verkauften wir 354 Bündel zu einem durchschnittlichen Preis von 40 Cent pro Bündel. Zu Beginn der Saison bekamen wir fünfzig Cent, gegen Ende der Saison wurden einige für fünfunddreißig Cent verkauft. Seitdem sind die jährlichen Erträge nie unter zweihundertsechsundachtzig Dollar gesunken . Die Düngung und der Anbau kosten etwa zwölf Dollar pro Jahr. Das Beet nahm etwa einen Viertel Hektar Land ein. Da wir viele Eierkunden haben, verkaufen wir direkt und erhalten so den vollen Preis, aber selbst im Großhandel liegen die Preise zwischen fünfzehn und zwölf Cent.

Es gibt zwei Möglichkeiten, Beete anzulegen: die Aussaat oder das Aufstellen der Pflanzen. Einjährige Pflanzen kosten zwischen sechzig Cent und einem Hundert Dollar. Im April gepflanzt und gut gepflegt, liefern sie im folgenden Frühjahr mehrere Gerichte für den heimischen Tisch und im zweiten Frühjahr eine nahezu volle Ernte. Die gleichzeitige Aussaat von Saatgut dauert ein Jahr länger, liefert aber danach einen größeren Ertrag als die verpflanzten Pflanzen, und da Spargelbeete fünfzehn oder zwanzig Jahre lang produktiv sind, ist der anfängliche Verlust von einem Jahr eine Ersparnis. Aber es ist gut, ein paar Pflanzen aufzustellen, einfach weil man auf dem Land kein südländisches Gemüse bekommen kann, das früh im Frühling in die Stadt kommt, und man daher versuchen sollte, so schnell wie möglich einen Hausvorrat zu haben.

Bei der Auswahl des Bodens für ein Spargelbeet muss berücksichtigt werden, dass es sich um eine Dauerkultur handelt und nach der Etablierung nicht mehr umgepflanzt werden kann. Sie wächst auf jedem gewöhnlichen

Gartenboden, der gut entwässert ist. Wenn möglich, sollte jedoch ein schwerer Untergrund mit leichtem Sand oder Lehm darüber gewählt werden, da sie jedes Jahr ausnahmslos eine frühere Ernte einbringt als schwerer Boden. Der Boden sollte nach Süden oder Südwesten geneigt sein, wünschenswert ist auch ein Schutz von Nordosten. Für unser großes Marktbeet nutzten wir Land, das seit zwei Jahren bewirtschaftet wurde. Die Vorkulturen bestanden aus Mais, Hafer und Kartoffeln, es war also gründlich gearbeitet worden.

Nachdem im Herbst die Kartoffeln geerntet waren, wurde das Feld gepflügt und Stallmist darüber gestreut. Zu Beginn des darauffolgenden Frühlings wurde der Boden erneut gepflügt, um den Mist zu wenden, und in jede Richtung geeggt, um den Boden gründlich aufzulockern und zu pulverisieren . Sollten Sie gezwungen sein, zuvor noch nicht bearbeiteten, schweren und feuchten Boden zu nutzen, ist es ratsam, den Boden so früh wie möglich im Sommer zu pflügen und bei Bedarf einen Untergrundpflug zu verwenden, um den Boden zu lockern Tiefe von fünfzehn oder sechzehn Zoll.

Eggen Sie, um die Oberfläche zu glätten, und wiederholen Sie das Eggen etwa alle drei Wochen bis Oktober. Dann sollte erneut bis zu einer Tiefe von 15 bis 17 cm gepflügt, gedüngt und bis zum Frühjahr belassen werden. Nach dem Eggen im Frühjahr müssen die Reihen in einem Abstand von 1,5 m in Nord-Süd-Richtung abgesteckt werden. Benutzen Sie den Pflug in der gleichen Furche hin und her, um einen breiten Graben zu ziehen, der sechs bis sieben Zoll tief und etwa einen Fuß breit sein sollte. Wenn ein großer Teil der Erde in den Graben zurückfällt, entfernen Sie ihn mit einem Spaten oder einer breiten Hacke und pflanzen Sie dann die Samen in einem Abstand von etwa sieben Zentimetern ein. Halten Sie die Reihen während der gesamten Saison frei von Unkraut und halten Sie den Boden rund um die Pflanzen locker.

Es ist wünschenswert, den Abstand zwischen den Reihen zu nutzen , da so eine gute Bodenbearbeitung gewährleistet ist. Jeder Raum bietet Platz für zwei Reihen Karotten, Zwiebeln oder Salat oder eine Reihe Kohl. Im Herbst, wenn die Spargelspitzen abzusterben beginnen, müssen sie abgeschnitten und verbrannt werden.

Im folgenden Frühjahr sollte der Boden zwischen den Reihen gedüngt und gepflügt oder gespatet werden, wenn es sich um einen umzäunten Garten handelt und ein Pflug nicht verwendet werden kann. Starke Wurzeln können sehr große Triebe austreiben, aber lassen Sie sich nicht dazu verleiten, sie zu sammeln, denn wenn sie entfernt werden, wird die Pflanze dazu angeregt, mehr Stiele auszutreiben, als ihr Alter zulässt, und das Ergebnis wird entweder der Tod oder eine schwache, unrentable Existenz sein für mehrere Saisons. In der zweiten Saison sollte zwischen den Reihen nicht mehr als eine

Reihe Karotten oder Zwiebeln angebaut werden, und wenn der Platz nicht von großem Wert ist, ist es auch ratsam, ihn überhaupt nicht zu nutzen.

Der Anbau muss während der gesamten Vegetationsperiode aufrechterhalten werden, um Unkraut zu vernichten und den Boden in gutem Zustand zu halten. Viele Amateure sind der Meinung, dass Hacken oder Kultivieren jeglicher Art nur der Unkrautvernichtung dient, was ein großer Fehler ist. Durch das Aufrühren der Bodenoberfläche wird die Kruste aufgebrochen, und die pulverisierte Erde bildet einen Mulch, der den unteren Boden feucht hält, ein Zustand, der die mineralischen Eigenschaften freisetzt, aus denen die Pflanzennahrung besteht.

Im zweiten Frühjahr nach der Aussaat kann eine leichte Ernte von Stängeln gesammelt werden, etwa zwei oder drei von jedem Hügel, aber nicht mehr. Dann lassen Sie die Stängel wachsen und ausfedern, bis sie ihre volle farnartige Form annehmen. Bringen Sie im Juni eine mäßige Menge Stallmist zwischen den Reihen aus, wenn der Boden nicht genutzt wird. Wenn es von einer Kulturpflanze besetzt ist, verwenden Sie handelsüblichen Dünger , der zu gleichen Teilen aus Salpetersäure, Kalisulfat und Holzasche besteht . Streuen Sie jede Seite des Gemüses, das den Raum zwischen den Reihen einnimmt, und arbeiten Sie den Dünger gut in den Boden ein.

Tragen Sie im August, wenn die Ernte eingebracht wird, eine mäßig starke Beizung aus gut verrottetem Stallmist auf. Ende Oktober wie im Jahr zuvor die Stängel abschneiden und verbrennen; dann pflügen oder spaten Sie zwischen den Reihen. Der dritte Frühling wird das Beet in einen ertragreichen Zustand bringen, allerdings wird es erst in einem weiteren Jahr seine volle Jahreskapazität erreichen. Sobald der Boden bearbeitet werden kann, setzen Sie den Einspänner oder die Hacke zwischen den Reihen ein. Ziehen Sie die Erde zunächst leicht von den Wurzeln weg, damit die Sonne den Boden um die Wurzeln herum erwärmen und die Pflanze zum Leben erwecken kann.

Etwa eine Woche später, wenn weißer Spargel gewünscht wird, muss die Erde erneut über die Pflanzen gezogen und jede Reihe aufgehäuft werden, um die Sprossen zu bleichen. Der Vorgang muss während der gesamten Schnittsaison etwa einmal pro Woche wiederholt werden, was in einem so jungen Beet nicht länger als drei Wochen dauern sollte, obwohl es in zukünftigen Jahren sechs oder sogar acht Wochen dauern kann.

Nach der Schnittsaison schütten Sie die durch das Anhäufeln entstandenen Hügel ab und tragen entweder Stallmist oder handelsüblichen Dünger auf . Wiederholen Sie die Anwendung etwa am 1. Juli. Wenn grüner Spargel gewünscht wird, besteht der einzige Unterschied in der Behandlung darin, dass das Anhäufeln weggelassen wird.

Nach dem dritten Jahr besteht die Beetpflege aus Düngung und Kultivierung. Wir haben festgestellt, dass es am besten ist, abwechselnd Stallmist und handelsüblichen Dünger zu verwenden. Die Aussaat der Samen erfolgt in Gräben oder tiefen Furchen, um sicherzustellen , dass die Kronen drei bis vier Zoll unter der Oberfläche liegen, wenn sie ein beträchtliches Wachstum entwickelt haben, was nicht der Fall wäre, wenn sie zunächst auf ebenem Boden gesät würden. Wie sein Cousin, das Maiglöckchen, hat der Spargel Wurzeln und Stängel aus einem Herzen oder einer Krone, die unter der Erde liegen muss, wo es feucht und dunkel ist.

Spargel kann wie jedes andere Gemüse für den Wintergebrauch in Dosen eingemacht werden; Mit den Enden nach unten abschneiden, in Gläser füllen, Gläser mit kaltem Wasser füllen, Deckel locker aufsetzen, in heißem Wasser stehen lassen, drei Stunden kochen, Gläser bis zum Rand mit kochendem Wasser füllen und Deckel fest verschrauben.

Wenn Sie der Meinung sind, dass die Anzucht aus Samen Ihre Geduld übersteigt, kaufen Sie die Pflanzen bei einem zuverlässigen Züchter. In den Katalogen der meisten Baumschulen werden ein- und zweijährige Pflanzen aufgeführt, doch die erfahrenen Pflanzenzüchter sind sich einig, dass sie kräftige einjährige Pflanzen bevorzugen und bestätigen, dass sie eine Umpflanzung besser vertragen als die älteren. Der Boden muss wie für die Aussaat vorbereitet werden. Wenn die Pflanzen angekommen sind, legen Sie sie zwölf bis vierundzwanzig Stunden lang in Wasser, damit sie weich werden. Stellen Sie die Pflanzen in einem Abstand von 60 cm in Gräben auf und achten Sie darauf, dass die Kronen mit der richtigen Seite nach oben zeigen. Wenn Sie eine Pflanze in der Hand halten, werden Sie feststellen, dass die dicken, fleischigen Wurzeln alle vom Herzen oder der Krone, wie es genannt wird, ausgehen und nach unten hängen, und dass sich auf der anderen Seite der Krone scheinbar kleine Wurzeln befinden Wurzeln. Dabei handelt es sich in Wirklichkeit um die trockenen Stängel der vorangegangenen Saison und die Knospen der kommenden Saison. Sie werden oft fälschlicherweise mit Wurzeln verwechselt und nach unten in die Gräben gelegt, statt nach oben, was natürlich der Fall sein sollte.

Die richtige Pflanzmethode besteht darin, am Boden des Grabens einen kleinen Hügel zu errichten – etwa zwei Handvoll Erde –, die Wurzeln auszubreiten und die Krone so auf den Erdhügel zu setzen, dass die Wurzeln sie umhüllen. Drücken Sie sie fest an ihren Platz und decken Sie sie ab, bis die Krone etwa fünf Zentimeter unter der Erde liegt. Wenn es eine Trockenzeit ist, gießen Sie regelmäßig, bis sich das Wachstum gut etabliert hat.

Spargel muss sehr sorgfältig geschnitten werden, da sonst der Embryospross zerstört oder die Krone selbst absterben kann. Wenn jeden Tag nur kleine

Mengen entnommen werden, ist es am besten, mit Daumen und Zeigefinger den Sporn ein bis zwei Zentimeter tief in den Boden zu stecken und ihn dann nach außen zu beugen, damit er unter der Erdoberfläche einrastet, ohne die Pflanze zu verletzen Trotzdem. Wenn große Beete für den Markt geschnitten werden, muss ein Messer verwendet werden, da dieses die Arbeit viel schneller erledigt. Spargelmesser haben eine besondere Form. Es gibt mehrere davon auf dem Markt, und sie werden in allen Katalogen von Seedmen beworben. Der Durchschnittspreis beträgt fünfzig Cent.

Rost, eine Pilzkrankheit, ist in den letzten Jahren stark verbreitet und befällt sowohl junge als auch alte Beete. Wie der Name schon sagt, sieht es wie Rost auf den Stielen aus und beeinträchtigt das Erscheinungsbild auf dem Markt. Darüber hinaus schadet es der Pflanze und beeinträchtigt die Ernte erheblich.

Viele, die sich mit dem Thema beschäftigt haben, haben vermutet, dass Rost von verrottenden Stielen herrührt. Aus diesem Grund ist es ratsam, die toten Stängel zu verbrennen, sobald sie im Herbst abgeschnitten werden, anstatt sie wie andere Gartenabfälle auf dem Komposthaufen verrotten zu lassen. Zur Vorbeugung wird jedes Jahr das Besprühen mit Bordeaux-Mischung nach der Schnittsaison empfohlen. Sobald es etabliert ist, scheint es kein Heilmittel mehr zu geben. Wir haben einen Nachbarn , dessen Betten vor sieben oder acht Jahren stark in Mitleidenschaft gezogen wurden. Er probierte eine Reihe gewöhnlicher Waschmittel und Puder aus, aber sie schienen nutzlos zu sein. Vor sechs Jahren legte er neue Beete an und übernahm unseren Plan, handelsüblichen Dünger mit Stallmist abzuwechseln, da wir nie Anzeichen von Rost hatten, und er führte dies auf die Asche in der Mischung zurück, die wir verwendeten, weil er glaubte, dass sie den Boden reinigte.

Ein weiterer Feind ist der Spargelkäfer – ein attraktiv aussehendes, tiefschwarzes Insekt mit roten, gelben und blauen Abzeichen. Den Winter über bleibt es im Unterholz oder im Müll versteckt und kommt in den ersten warmen Frühlingstagen zum Eierlegen heraus, wobei es sich immer die jungen, zarten Triebe als Ruheplatz aussucht. Nach ein paar Tagen schlüpfen die jungen Larven und fressen den Spargel, bohren kleine Löcher, zerstören das Aussehen der Stängel völlig und dringen gelegentlich bis zur Krone der Pflanze selbst vor. Die Larven brauchen nur einen Monat, um die verschiedenen Stadien zu durchlaufen, die sie zur Reife bringen. Wenn also nur ein oder zwei Käfer den Winter überleben, kann es sein, dass es eine Armee gibt, wenn die Beete vollständig tragen. Geflügel im Herbst und Winter auf den Beeten herumlaufen zu lassen, ist die sicherste und einfachste Methode, die Schädlinge zu bekämpfen. Es wird jedoch empfohlen, die Beete im zeitigen Frühjahr mit luftgelöschtem Kalk zu bestäuben, und einige Behörden empfehlen, die Beete schon bald abzuschneiden Die Triebe

entwickeln sich im zeitigen Frühjahr, in der Hoffnung, auf diese Weise die
Eier zu zerstören. Dabei handelt es sich um ein recht teures Mittel, da die
frühe Markternte, die die besten Preise bringt, verbrannt werden muss.

WIE MAN PILZE ZUCHT

JEDER , der über einen guten Keller verfügt, in dem eine gleichmäßige Temperatur aufrechterhalten werden kann, kann Pilze für den Heimgebrauch züchten. Wenn sie jedoch in großen Mengen für den Markt gezüchtet werden sollen, muss ihnen ein entsprechendes Gebäude ausschließlich zur Nutzung überlassen werden. Wir haben mehrere Saisons erfolgreich Pilze auf amateurhafte Weise angebaut, aber erst als ein großer Wurzelkeller frei wurde, kamen wir auf die Möglichkeit, sie zu unseren Marktprodukten hinzuzufügen.

Der Bauernhof, den wir glücklicherweise erwerben konnten, war einer der altmodischen, praktischen Orte mit einer vollständigen Gebäudeausstattung. Unter dem Kuhstall befand sich ein Steinkeller, der für die Winterlagerung von Hackfrüchten genutzt wurde. Nachdem sich unsere Milchviehherde entwickelt hatte, schien es sinnvoll, im Winter Silage anstelle von Wurzeln zu verwenden. Also bauten wir ein Silo und das Lagerhaus blieb leer. Es war achtzig Fuß lang und fünfzehn Fuß breit. Nachdem wir die Pilzidee entwickelt hatten, teilten wir dreißig Fuß davon ab, um es als Lagerraum für Haushaltsgemüse zu behalten, und statteten die anderen fünfzig Fuß mit Pilzbeeten aus.

Wir haben einen Ofen und ein Rohrsystem für das Bruthaus eingebaut, was einhundertzwanzig Dollar gekostet hat. Das Bauholz für die Beete kostete zusätzlich dreißig Dollar, der zusätzliche Mist zweiundzwanzig Dollar und die Brut fünfzig Dollar – insgesamt also zweihundertzweiundzwanzig Dollar. Vier Monate später hatten wir 445 Dollar erhalten. Seitdem schwanken die Erträge zwischen 400 und 500 Dollar, und wir schätzen , dass die Produktion der Ernte 125 Dollar pro Saison kostet. Daher denke ich, dass Pilze als profitabel betrachtet werden können, wenn sie im Zusammenhang mit der Geflügelzucht oder der allgemeinen Landwirtschaft angebaut werden, insbesondere da sie zu einer Jahreszeit angebaut werden, in der es nur sehr wenig anderes zu tun gibt und sie darüber hinaus nur sehr schwer sind Die Arbeit besteht darin, Mist und Kompost für die Beete vorzubereiten, und das kann jeder gewöhnliche Landwirt erledigen. Der Rest ist alles so leicht und leicht, dass ein junges Mädchen oder eine zarte Frau sich ohne Ermüdung darum kümmern kann.

Es ist nicht notwendig, ein teures Stein- oder Ziegelgebäude zu haben. Wir haben einen Nachbarn , der einen Teil eines alten Kuhstalls nutzt, und ein Mann in einem Vorort von New York, der jede Saison eine Menge anbaut, hat einfach einen Unterstand mit rauen Bretterwänden, zwei Fuß über dem Boden, und einen A- geformtes Dach – alles mit Teerpappe bedeckt, ein Platz, der höchstens fünfundsiebzig Dollar gekostet haben dürfte. Ein

Schuppen oder ein Nebengebäude jeglicher Art reicht aus, wenn er wetterfest ist und ohne großen Aufwand bei einer Temperatur von 55 bis 60 °C bei Nulltemperaturen gehalten werden kann.

PILZE

Lassen Sie sich nicht dazu verleiten, groß angelegte Arbeiten im Hauskeller durchzuführen, denn der Geruch aus den Beeten , während der Mist vor der Pflanzzeit erhitzt wird, dringt durch das ganze Haus und haftet auf schreckliche Weise an Teppichen und Vorhängen. Dies gilt natürlich nicht, wenn nur wenige für den Heimtisch gezüchtet werden sollen, denn flache Kisten können verwendet werden und müssen erst nach Ablauf der beanstandeten Zeit in den Keller getragen werden.

Wenn ein Spezialstall verwendet wird, können die Betten auf dem Boden gemacht werden, eine große Menge Gülle verwendet werden und auf künstliche Wärme verzichtet werden. Aber es ist kein guter oder wirtschaftlicher Plan, denn die erforderliche Menge an Stallmist würde genauso viel kosten wie Treibstoff, eine genaue Überwachung erfordern und das Ergebnis wäre nicht so zufriedenstellend, daher werden wir nur die bewährte Methode mit Bänken und künstlicher Wärme in Betracht ziehen. was im Allgemeinen vom modernen Marktzüchter übernommen wird.

Die Bänke in unserem Haus verlaufen auf jeder Seite und lassen drei Fuß breite Wege durch die Mitte des Hauses und zwei Fuß entlang der Seitenwände frei. Durch die drei Durchgänge können wir uns von jeder Seite der Betten aus versammeln, was bei einer Bettenbreite von 1,20 m fast eine Notwendigkeit ist. Bei einem schmaleren Haus und schmaleren Betten würde ein Mittelweg ausreichen, der jedoch nicht weniger als einen Meter breit sein sollte, um das Füllen und Entleeren der Betten zu erleichtern.

Die Bänke bestehen aus zwei mal zwei Ständern und groben Hemlockbrettern, wobei die Ständer für die aufrechten Stützen verwendet werden, die alle fünf Fuß über die gesamte Länge und auf jeder Seite des Hauses vom Boden bis zur Decke reichen. Zwischen jeweils vier Pfosten auf jeder Seite des Hauses werden diagonal Stützen verlegt , um eine Grundlage für den Boden der Betten zu bilden und die gesamte Struktur zu verstärken. Die Hemlock-Bretter werden für die Seiten und den Boden der Betten verwendet, die sich 60 cm über dem Boden befinden. Die Betten sollten 16 Zoll tief sein, aber wir verwendeten eine Reihe Bretter mit einer Breite von 9 Zoll und eine weitere Reihe mit einer Breite von 15 cm, da die Bretter zufällig in diesen Größen zugeschnitten waren.

Die zweite Beetreihe, die ein Jahr später hinzugefügt wurde, lag anderthalb Fuß über der Oberkante der ersten Reihe und war nur zwölf Zoll tief, hat sich aber in jeder Hinsicht als ebenso zufriedenstellend erwiesen, und da die flachen Beete weniger Mist aufnehmen Ich denke, es ist sicher, Anfängern zu raten, die letztere Tiefe für Betten in einem Haus zu verwenden, in dem künstliche Wärme verwendet wird.

Die Böden und Seiten der Betten sollten so befestigt sein, dass sie leicht entfernt werden können, da dies das Entleeren der Betten erleichtert, das jedes Frühjahr durchgeführt werden muss. Selbstverständlich kann jedes Heizgerät verwendet werden, das sich leicht einrichten lässt und auf das man sich verlassen kann, aber ich denke, dass der Ofen und die Rohre, die speziell für Geflügelbetriebe hergestellt wurden, am bequemsten sind, da ihre Konstruktion so einfach ist, dass jeder Handwerker sie reparieren kann Sie können sie ohne die Hilfe eines Klempners installieren – eine große Überlegung auf dem Bauernhof.

An den Seiten des Hauses wurden schmale Kellerfenster eingebaut, um im Frühling und Herbst, wenn schwere Arbeiten verrichtet wurden, und auch während der täglichen Zusammenkünfte während der Saison für Licht und Luft zu sorgen. Es ist viel angenehmer, bei Tageslicht zu arbeiten, und es schadet den Pflanzen in keiner Weise, wenn Fensterläden verwendet werden, um die Kälte draußen zu halten.

Der Hauptfaktor beim Pilzanbau sind Beete. Erstens das Material, aus dem sie bestehen; zweitens die Art und Weise, wie sie hergestellt werden. Bei der Reinigung der Ställe muss täglich frischer Mist mit einem angemessenen Anteil an Kurzstreu (vorzugsweise Stroh oder Blätter) eingesammelt werden. Wir verwenden zwei Teile Pferde- und einen Teil Kuhmist und ersetzen manchmal Pferdemist durch Schafmist. Die tägliche Sammlung muss in einem Schuppen gelagert und zu einem etwa drei Fuß hohen und zweieinhalb Fuß breiten Stapel zusammengelegt werden.

Sobald genügend Mist gesammelt ist, um die Beete zu füllen, sollte mit dem Aushärtungsprozess begonnen werden. Dabei wird der Mist eng zusammengepackt und, wenn überhaupt trocken, leicht mit Wasser oder Drainage aus den Ställen angefeuchtet, um die Gärung zu starten. Innerhalb weniger Stunden beginnt durch die Hitze Dampf zu entstehen, und es muss gegabelt und zu einem neuen Stapel verarbeitet werden.

Um der Hitze Einhalt zu gebieten, die, wenn sie sich entfalten würde, den Wert des Mists schnell verbrennen und ihn wertlos machen würde, muss das Gabeln und erneute Aufschütten wahrscheinlich drei- oder viermal wiederholt werden, wobei zwei bis drei Tage dazwischen liegen. je nach Güllestärke und Temperatur. Normalerweise dauert es zwei bis drei Wochen, bis der Mist richtig ausgehärtet ist. Wenn es nach 36 Stunden Ruhezeit eine Temperatur von 40 Grad Fahrenheit anzeigt, kann man es als in Ordnung betrachten.

Wir füllen die Beete zur Hälfte mit dem Rohmaterial und mischen dann Erde aus der Grasnarbe mit dem Rest, um die Oberseite der Beete aufzufüllen. Das Verhältnis beträgt etwa ein Drittel Erde zu zwei Dritteln aufbereiteter Mist. Beim Füllen der Beete sollte der Mist und auch die Mischung aus Erde und Mist in dünnen Schichten, beispielsweise etwa fünf Zentimeter auf einmal, ausgestreut und gründlich festgestampft werden, bevor die nächste Schicht hinzugefügt wird. Wenn die Beete gefüllt sind, decken Sie die Oberfläche mit Stroh oder Matten ab, um ein Austrocknen der Beete zu verhindern.

Nachdem der Mist in die Beete gepackt wurde, wird er sich erheblich erwärmen. Daher sollten alle paar Meter Thermometer angebracht werden, da die Aussaat erst dann erfolgen darf, wenn die Temperatur auf 30 Grad Celsius gesunken ist. Zu diesem Zeitpunkt kann das Stroh oder die Matte entfernt und der Laich eingebracht werden . Die Vermehrung von Pilzen unterscheidet sich völlig von der Vermehrung anderer Gemüsesorten, da weder Samen, Zwiebeln noch Stecklinge in diesem Prozess eine Rolle spielen. Aus der kiemenartigen Auskleidung eines ausgewachsenen Pilzes fallen unzählige Sporen, die so klein sind, dass sie, wenn sie auf einem Blatt Papier gefangen würden, wie Staub aussehen würden. Wenn die Sporen auf den Boden fallen, der sich im richtigen Zustand befindet, entwickeln sich schimmelartige Fäden, breiten sich aus und werden zu dem, was wir Brut nennen.

Die Brutkultur ist ein komplizierter Prozess, der den Pilzzüchter überhaupt nicht betrifft, da er den Pilz wie jedes andere Saatgut kauft, mit der Ausnahme, dass er in gepressten, ziegelartigen Kuchen, die etwa ein Pfund pro Stück wiegen, oder in Rohform verkauft wird Fetzen; Die letztere Sorte ist als Flocken- oder Französischer Laich bekannt.

Ziegel, bekannt als English Spawn, scheinen in diesem Land die besten Ergebnisse zu liefern und werden von uns schon immer verwendet. Sie sollten in etwa walnussgroße Stücke zerbrochen und in Reihen mit einem Abstand von einem Fuß gepflanzt werden, wobei die Stücke in den Reihen einen Abstand von sechs Zoll haben sollten. Der Laich sollte etwa sieben Zentimeter tief eingedrungen sein. Am besten heben Sie einen kleinen Teil des Mists mit einer Handgabel an, drücken den Brutbrut nach unten, setzen den Mist wieder ein und drücken ihn fest an. Das dichte Packen ist einer der wichtigsten Erfolgsfaktoren, daher empfiehlt es sich, mit der Rückseite einer Holzschaufel oder einem kleinen Hammer über das gesamte Beet zu gehen.

Ersetzen Sie nach dem Pflanzen das Stroh oder die Matten, wenn die Temperatur im Haus überhaupt trocken ist. Acht Tage später entfernen Sie die Matten und bedecken die Beete mit einer fünf Zentimeter dicken Schicht guter Gartenerde.

Bis die Pilze zu erscheinen beginnen, kann die Temperatur im Haus 65 bis 68 Grad Fahrenheit betragen, aber von dem Moment an, in dem sie zu erscheinen beginnen, halten Sie die Temperatur so nahe wie möglich bei 55 Grad Fahrenheit. Die Feuchtigkeit muss sorgfältig überwacht werden. Wenn die Beete auch nach dem Aufbringen der Erde überhaupt trocken erscheinen, decken Sie sie einige Tage lang mit Matten ab oder bestreuen Sie die Beete ganz leicht, sie dürfen jedoch keineswegs nass gemacht werden. Am sichersten ist es für Unerfahrene vielleicht, die Spaziergänge zu streuen, da dann keine Gefahr einer Überdosis besteht.

Es dauert etwa fünf Wochen, bis sich der Laich in den Beeten ausgebreitet hat, und etwa weitere zwei Wochen, bis die Pflanze zum Vorschein kommt. Gut gemachte Betten geben in einem Haus mit einer Temperatur von 55 Grad zehn oder zwölf Wochen lang nach, aber in den letzten zwei oder drei Wochen nimmt die Menge rapide ab.

Die Ernte muss jeden Tag erfolgen, und wenn der Ertrag hoch ist, ist es ratsam, die Beete zweimal täglich zu durchsuchen, um den Verlust zu vermeiden, der innerhalb weniger Stunden durch Überreife auftritt. Wenn der Pilz zum ersten Mal den Boden durchbricht, ist er offenbar eine feste, weiße Kugel, die auf einer Miniatursäule balanciert. Nach ein paar Stunden löst sich der untere Teil der Kugel vom Stamm und der Pilz breitet sich allmählich wie ein aufgespannter Regenschirm aus und zeigt eine Reihe blassrosa oder fleischfarbener Kiemen , die jede Stunde dunkler werden, bis sie fast schwarz sind In diesem Stadium wird der Pilz dünn und zerfällt schnell.

Wenn Pilze unmittelbar nach dem Brechen des Schleiers (wie die Haut, die den Rand des Huts mit der Brühe verbindet) gerissen wird, geerntet werden, können sie vierundzwanzig Stunden lang aufbewahrt werden, ohne zu verderben, wenn sie an einem kühlen, vom Pilz entfernten Ort aufbewahrt werden Luft. Sollten dem Pflücker zufällig einige offene Exemplare entgehen, entfernen Sie sie, sobald Sie sie sehen.

SECHS GUTE GEMÜSE ZUM ANBAU

ES ist seltsam, dass viele der nützlichsten Gemüsesorten in den meisten Hausgärten vernachlässigt werden. Okraschoten, Mangold, Lauch, Rosenkohl und Grünkohl sind kaum bekannt, doch sie sind allesamt appetitliche, gesundheitsfördernde Ergänzungen auf dem Tisch und erfordern keine besonderen Bedingungen oder Kultur.

Okra oder Gumbo, wie es im Süden ausnahmslos genannt wird, spielt in der kreolischen Küche eine große Rolle, aber hier im Osten taucht es gerade erst auf den Märkten auf. Die Nachfrage wird mit Sicherheit rasant steigen, denn es handelt sich um einen dieser heimtückischen Artikel, die nach einmaligem Gebrauch unverzichtbar erscheinen. Suppen, Eintöpfe, Soßen und unzählige Fertiggerichte werden durch ein wenig Okra verfeinert und sind die Grundlage für viele besondere Gerichte. In meinem Haushalt liebt man Gumbo-Suppe, deshalb musste Okra allein dafür einen Platz im Garten haben, und jetzt verwenden wir es auf Dutzende verschiedene Arten. In Scheiben schneiden und abwechselnd mit Reis und Tomaten in einer Auflaufform verteilen, mit Butter, in die Currypulver und Salz gemischt wurde, rundherum bestreichen und drei Stunden lang backen, ist es ein köstlich herzhaftes Mittagsgericht .

Aber es ist der Anbau und nicht das Kochen dieses vernachlässigten Gemüses, mit dem ich gerade zu tun habe. Der Boden für Okra sollte gründlich angereichert und gut kultiviert werden. Machen Sie eine etwa 2,5 cm tiefe Furche, und wenn Sie nur eine Versorgung für den Haushalt benötigen, etwa zehn Meter lang. Säen Sie die Samen in Reihen mit einem Abstand von 5 cm aus und decken Sie sie ab. Wenn die Sämlinge etwa 5 cm hoch sind, sollte ein Abstand von 18 Zoll erreicht werden. Wenn mehr als eine Reihe gepflanzt werden soll, achten Sie auf einen Abstand von 60 cm.

Okra ist eine halbtropische Pflanze und sollte daher besser erst in der zweiten Maiwoche gesät werden. Sobald sie begonnen hat, wächst sie sehr schnell, bringt Erträge und sorgt die ganze Saison über für einen Nachschub an Schoten. Die Blüten sind groß und ziemlich hübsch, halten aber nur ein paar Stunden; Nach dem Fall dauert es etwa zwölf Stunden, bis sich eine Schote ausreichend zum Sammeln entwickelt hat. Um in einwandfreiem Zustand zum Kochen zu sein, sollten sie nicht viel länger als 2,5 cm sein. Überschüssige Mengen können getrocknet oder für den Wintergebrauch in Dosen abgefüllt werden. In Scheiben geschnitten sind sie eine hervorragende Ergänzung zu Mixed Pickles.

Mangold ist ein echtes Allerheilmittel, das sowohl zu Hause als auch auf dem Markt von unschätzbarem Wert ist, und ein Geflügelhalter kann kein besseres oder billigeres Grünfutter für Hühner auf dem Hof finden. Die Blätter und Stängel sind essbar und können wie Spinat gekocht oder nur die Stängel verwendet werden. Sie sind weiß und erstrecken sich über die gesamte Blattlänge. Schneiden Sie sie aus und binden Sie sie locker zusammen; Kochen und servieren Sie ihn wie Spargel. Die neue Sorte namens „Lucullus" ist meiner Meinung nach die beste. Mache den Boden sehr reich; Die Aussaat erfolgt etwa Ende April oder in der ersten Maiwoche in Reihen mit einem Abstand von einem Meter. Verdünnen Sie die Pflanzen, wenn sie etwa fünf Zentimeter hoch sind, sodass sie einen Abstand von achtzehn Zentimetern haben. Wenn Sie ihn als Spinat verwenden, schneiden Sie die Blätter ab, wenn sie 25 cm hoch sind. Wenn die Stängel jedoch das Spargelsimulieren sollen, sollten Sie mit dem Pflücken warten, bis sie etwa 50 cm hoch sind. Schneiden Sie dann den grünen Teil des Blattes ab, der noch als Grünzeug verwendet werden kann. Unabhängig davon, wie die Blätter verwendet werden oder in welcher Höhe die Ernte geschnitten wird, achten Sie darauf, niemals das Herz der Pflanze zu verletzen, da sonst die nachfolgenden Ernten verdorben werden.

Rosenkohl erfreut sich in den letzten Jahren immer größerer Beliebtheit auf dem Markt und sollte auf jeden Fall in jedem Garten fehlen, denn er besitzt alle gesunden Eigenschaften von Kohl und ist im Geschmack viel feiner.

Wenn sie klein sind, sehen die Pflanzen genau wie Kohl aus, aber statt fester, fester Köpfe sind die Stängel bis zu 30 bis 45 cm hoch, und rund um den Stängel sprießen über die gesamte Länge junge Kohlköpfe heraus. Eine Pflanze bringt oft fünfunddreißig oder vierzig dieser winzigen Kohlköpfe hervor.

Ein großer Vorteil des Rosenkohls besteht darin, dass die Aussaat erst im Juni erfolgen muss und die Pflanzen erst im Juli zum Umpflanzen bereit sind, sodass auf dem gleichen Boden frühe Erbsen gedeihen können. Wie alle Mitglieder der Kohlfamilie ist Rosenkohl ein Vielfraß und muss auf jeden Fall einen schweren und nährstoffreichen Boden haben. Saatgut in flache Sämaschinen säen; Umpflanzen, wenn die Sämlinge etwa 7,5 cm hoch und 60 cm voneinander entfernt sind, in Reihen mit 90 cm Abstand. Für die frühe Frühjahrsernte säen Sie die Samen im Februar oder März im Frühbeet. Ausgewachsene Pflanzen sind recht winterhart, müssen aber vor starkem Frost ausgegraben werden. Die beste Möglichkeit, den Hausvorrat aufrechtzuerhalten, besteht darin, die gesamte Pflanze an den Wurzeln in einem frostsicheren Keller aufzuhängen.

Lauch und Winterzwiebeln gehören zur Familie der Zwiebeln und werden oft übersehen. Das ist sehr schade, denn sie sind beide sehr begehrt. Die Aussaat von Lauch sollte auf sehr feinem, nährstoffreichem Boden erfolgen. Ein idealer Dünger ist eine kräftige Beizung mit Geflügelmist, die im Herbst vor dem Pflanzen ausgebracht wird . Streuen Sie die Samen dick in Reihen mit einem Abstand von 60 cm aus und verdünnen Sie die Pflanzen so, dass sie einen Abstand von 25 cm haben. Bearbeiten Sie den Boden ständig und hügeln Sie ihn an, während die Pflanzen wachsen. Dies ist ein Teil der Arbeit, der nicht vernachlässigt werden darf, da er das Wachstum fördert und die Stängel bleicht. Ein leichter Frost schadet ihnen nicht, sie müssen jedoch stark aufgeschüttet und mit Streu bedeckt werden, wenn sie bis zum Frühjahr draußen im Boden bleiben sollen.

Der Wintervorrat dieses Gemüses sollte im Dezember ausgegraben und der Einfachheit halber im Haus gelagert werden. Packen Sie sie im Stehen in Kisten, während sie wachsen. Streue Erde zwischen sie und bewahre sie in einem dunklen Keller auf. Für Suppen sind sie gewöhnlichen Zwiebeln weit überlegen. Gekocht und mit weißer Soße serviert sind sie ein köstliches Gemüse.

Winterbundzwiebeln, wie sie auch genannt werden, sind eigentlich die frühesten aller Frühlingszwiebeln. Säen Sie die Samen im Mai oder Juni in flachen Sämaschinen mit einem Abstand von 30 cm aus. Bis zum Herbst kultivieren , dann mit Streu bedecken. Harken Sie die Frühlingszwiebeln zu Beginn des folgenden Frühlings ab und kultivieren Sie sie leicht zwischen den Reihen. So haben Sie köstliche Frühlingszwiebeln für den Tisch oder den Markt, wenn andere über die Aussaat nachdenken.

Grünkohl sollte in jedem Garten unverzichtbar sein, denn seine Saison beginnt erst spät im Herbst, wenn der Frost alle anderen Grünpflanzen zerstört hat. Sogar in der Nähe von New York kann man sich darauf verlassen, dass das Grün schon im frühen Frühling entsteht, fast bevor der Schnee vom Boden fällt. Tatsächlich habe ich es mitten im Winter unter tiefem Schnee hervorgeholt und es in gutem Zustand vorgefunden. Die Aussaat der Samen sollte etwa Mitte Juni erfolgen und die Sämlinge in Reihen mit einem Abstand von 60 cm gepflanzt werden. Die Blätter sind lockig und dunkelgrün und sollten erst verwendet werden, wenn etwas Frost eingetreten ist, denn bis zum Einfrieren sind sie ebenso zäh wie zart, nachdem der Weihnachtsmann sie besucht hat.

Sobald das Wetter kälter wird, lagern Sie Stroh oder Blätter auf jeder Seite der Reihen bis zur Oberseite des Grünkohls auf und legen Sie dann Zedernzweige oder eine Art Bürste entlang jeder Seite, um die Abdeckung an Ort und Stelle zu halten.

Kohlrabi ist ein weiteres wertvolles Gemüse, das dann nachkommt, wenn andere Dinge verblasst sind. Eigentlich gehört er zur Familie der Kohlgewächse, ähnelt aber eher der Rübe. Der essbare Teil ist die Knolle, die sich über der Erde entwickelt. Gekocht sieht es aus und schmeckt wie eine fein gewürzte Rübe. Da sie jung und zart gekocht werden müssen, ist es am besten, sie mehrmals zu säen; einer im Brutbeet im Februar und zwei weitere im Freiland; der erste im Mai, der zweite im August . Sie vertragen ziemlich starken Frost und sind daher je nach Jahreszeit bis Dezember oder Januar verwendbar.

Die Aussaat erfolgt in Reihen mit einem Abstand von etwa 60 cm. Sobald die jungen Pflanzen eine ausreichende Stärke erreicht haben, um den Angriffen von Käfern und anderen Insekten standzuhalten, verdünnen Sie sie auf einen Abstand von 60 cm.

Vielleicht ist es angebracht, ein paar Hinweise zum allgemeinen Anbau dieser Gemüsesorten hinzuzufügen – Hinweise, die für alle Gartenarbeiten nützlich sein werden. Die Bearbeitung muss konstant und gründlich erfolgen, insbesondere wenn der Boden leicht und sandig ist. Natürlich wird kein guter Gärtner zulassen, dass Unkraut in seinem Revier Fuß fasst, aber der ständige Einsatz des Rechens ist viel wichtiger, denn er hält die Feuchtigkeitszufuhr im Boden rund um die Wurzeln der Pflanzen aufrecht und sorgt so für Sicherheit Sie sind gut ernährt und wachsen schnell.

Dies ist ein Punkt, der unerfahrene Gärtner immer wieder vor ein Rätsel zu stellen scheint und daher einer Erklärung bedarf. Durch Rühren der Erdoberfläche mit einem feinen Rechen, sobald diese nach einem Regen teilweise trocken ist, entsteht ein Staubmulch, der verhindert, dass die Feuchtigkeit in der unteren Erdschicht entweicht, da dadurch der Kapillarprozess gehemmt wird, durch den Feuchtigkeit an die Oberfläche gelangt und transportiert wird in die Luft. Der Boden kann reich an mineralischen und tierischen Bestandteilen sein, die pflanzliche Nahrung bilden, aber wenn nicht genügend Feuchtigkeit vorhanden ist, stehen diese nicht als Nahrung für Pflanzen zur Verfügung.

WIE MAN ERDBEEREN PFLANZEN UND
kultivieren kann

WARUM der Anbau eigener Erdbeeren ein Gefühl der Überlegenheit hervorrufen sollte, ist schwer zu sagen, aber es ist so. Freunde aus der Stadt, die wirklich schwierige landwirtschaftliche Leistungen mit sachlicher Gleichgültigkeit hinnehmen, erweisen dem Erdbeerbauern eine Art verwunderten Respekts, und was noch außergewöhnlicher ist: Der Landwirt nimmt die Laudatio stets mit dem herablassenden Stolz eines Siegers entgegen. Zumindest muss ich ein solches Gefühl anerkennen, auch wenn ich weiß, wie absurd es ist, denn die kleine Waldbeere ist in diesem Land heimisch und wurde von den sparsamen Kolonialhausfrauen als Gartenpflanze adoptiert, lange bevor die Gärtner davon träumten es unter ihrer wissenschaftlichen Leitung.

Die kultivierten Erdbeeren ähneln in gewisser Weise Exoten, da sie in Europa aus der einheimischen Wildbeere und einer etwas ähnlichen Wildpflanze, die 1750 aus Chili eingeführt wurde, gezüchtet wurden. Sorten, die aus dieser Kreuzung hervorgingen, wurden später in dieses Land gebracht und bildeten den Bestand, aus dem nach und nach gewachsen ist entwickelte die großen, köstlichen Früchte von heute. Aber sie mag immer noch amerikanischen Boden und gedeiht daher in einem größeren Breitengrad als jede andere Kulturpflanze.

In unserer Nähe gibt es mehrere Erdbeerfarmen, die nach Angaben der Eigentümer die ertragreichsten Ernten liefern. Ein Landwirt erzählte mir, dass er durchschnittlich sechstausend Quart pro Hektar einbringt und einen Durchschnittspreis von acht Cent pro Quart erzielt. Ein anderer Nachbar sagt, er rechne damit, mit seinen Beeren 300 Dollar pro Hektar einzubringen. Persönlich kann ich keine Zahlen nennen, da wir noch nie auf Marktbeeren gesetzt haben. Da wir sie sehr mögen und das Beste wollen, was wir überhaupt anbauen können, haben wir unsere Bemühungen immer auf die Gartenkultur beschränkt, nur für den Heimkonsum, und der Lohn waren solche lukullischen Feste, dass wir zufrieden waren.

Wie beim Spargel sollten Erdbeerbeete angelegt werden, sobald sich die Familie in einem Landhaus niedergelassen hat, da es ein Jahr dauert, bis die Ernte voll ist. Es gibt eine große Auswahl an Sorten, aber ich denke, es ist am besten, die Auswahl auf die altbewährten Sorten zu beschränken. Der Marshall für die erste frühe Ernte, der Glen Mary für die Zwischensaison und der Gandy für die späte Ernte. Und ich glaube wirklich nicht, dass es in der Nähe von New York eine bessere Auswahl für den Hausgarten geben kann.

Da jedoch einige Sorten an einem bestimmten Ort besser gedeihen als andere, ist es ratsam, alte Anwohner in der Nachbarschaft und die Gärtner zu konsultieren, bei denen Pflanzen bestellt werden.

Leichter Sandboden, der leicht nach Süden abfällt, bringt die ersten Beeren hervor, aber wir sind aus Erfahrung davon überzeugt, dass etwas schwererer Boden und eine nördlichere Ausrichtung in der Zwischensaison bessere Früchte hervorbringen. Unsere Beete neigen sich alle nach Süden, aber die späten Sorten sind so gelegen, dass sie durch eine Reihe junger Birnbäume leicht beschattet werden, was sie vor der direkten Sonneneinstrahlung schützt. Der Boden ist – oder besser gesagt – von gewöhnlicher Qualität, weder sehr sandig noch sehr schwer, daher haben wir mehrere Saisons lang feine Kohlenasche zwischen die Reihen der Frühpflanzen gestreut, was den Boden erheblich aufgelockert hat, und seit mehreren Jahren haben wir Beeren fünf bis zehn Tage früher als unsere Nachbarn.

Neue Beete können im Herbst oder Frühjahr angelegt werden, je nachdem, was am bequemsten ist. Wenn die Pflanzen im Frühherbst gepflanzt werden, tragen sie in der folgenden Saison Früchte. Wenn die Pflanzung jedoch bis zum Frühjahr verschoben wird, dauert es ein ganzes Jahr, bis Früchte zu erwarten sind. Daher empfehle ich Anfängern die Pflanzung aller Pflanzen im August und die Frühjahrspflanzung, wenn bereits bestehende Beete vorhanden sind, aus denen andere Pflanzen entnommen werden können.

Zur Erklärung: Erdbeeren werden aus Ausläufern vermehrt, die unter natürlichen Bedingungen aus den Mutterpflanzen herausschießen und durch Wurzeln einzelne Kronen bilden. Aber der moderne Gärtner hat sich in den letzten Jahren dazu durchgerungen, kleine, mit reichhaltiger Erde gefüllte Töpfe in den Beeten zu versenken, und indem man dann die Enden der Ausläufer auf die Töpfe hebt, entwickeln sich die Wurzeln der jungen Pflanzen im Topf statt auf dem Topf Der Boden wird in den Boden gepflanzt und kann später in der Saison ohne Wachstumshemmung entfernt werden, was natürlich das Wachstum der Krone nach dem Aufstellen in ihrer dauerhaften Position erheblich erleichtert.

Topfpflanzen, wie sie genannt werden, sind etwas teurer als Schichtpflanzen, aber wenn es auf die Zeit ankommt, lohnen sie sich durchaus.

Bevor die Pflanzen ankommen, sollte der Boden gründlich umgegraben und geharkt werden, bis er sich in einem feinfaserigen Zustand befindet. Markieren Sie Reihen im Abstand von 1,20 m. Wenn die Pflanzen angekommen sind, packen Sie sie aus, gießen Sie sie reichlich und lassen Sie sie vierundzwanzig Stunden lang an einem schattigen Ort stehen, bevor Sie losfahren. Machen Sie dann mit einer Kelle ein Loch, das etwas größer ist als der Topf, in dem die Pflanze gewachsen ist, und füllen Sie es Füllen Sie ihn etwa zur Hälfte mit Wasser, und wenn die Pflanzen in den Töpfen geliefert wurden, entfernen Sie sie vorsichtig, indem Sie die Erde lockern, indem Sie einen kleinen Stock durch das Abflussloch stecken und den Topf auf den Kopf stellen. Ziehen Sie dann die Erdkugel heraus und legen Sie sie in das Loch, das Sie mit der Kelle gemacht haben. Füllen Sie die lockere Erde auf und der Pflanzvorgang ist abgeschlossen.

Die Pflanzen sollten in den Reihen einen Abstand von 60 cm haben. Wenn es sich um kräftige und gesunde Exemplare handelt, beginnt das Wachstum fast sofort. Daher müssen Sie die Reihen nach etwa zwei Wochen sorgfältig durchgehen, wenn die Pflanzen begonnen haben, Ausläufer auszuwerfen. Wir lassen nie mehr als vier für jede Pflanze zu, und diese werden darauf trainiert, so nah wie möglich vor und hinter und auf jeder Seite der Mutterpflanze zu wurzeln, wodurch am Ende der Vegetationsperiode eine feste Reihe von etwa 27 Zoll Breite entsteht . Der beste Weg, die Wurzelbildung der Ausläufer sicherzustellen, besteht darin, sie dicht an den Boden zu drücken und sie entweder mit einem kleinen Stein oder einer Handvoll Erde an Ort und Stelle zu halten.

Dünger gedüngt und gut gespachtelt werden. Um den 1. Dezember herum sollte ein Mulch aus Stroh oder Laub über die Pflanzen gestreut werden, um sie vor dem Frost zu schützen. Zu Beginn des folgenden Frühjahrs wird die gleiche Arbeit wiederholt, und etwa am 1. Mai wird der Mulch unmittelbar um die Pflanzen herum entfernt, aber auf dem Boden gelassen, um zu verhindern, dass die Beeren mit der Erde in Kontakt kommen, und um den Boden rundherum feucht zu halten Wurzeln. Die Beete müssen stets frei von Unkraut sein.

Nachdem die Ernte geerntet wurde, lässt man einige Ausläufer sich entwickeln und wurzelt sie in Töpfen, wie oben erläutert, um später im August neues Wachstum zu etablieren, da wir jede Saison immer sechs neue Reihen anlegen und sechs alte abreißen , da junge Pflanzen mehr und bessere Früchte tragen als alte. Bei der Vermarktung der Kultur kann nicht so vorsichtig vorgegangen werden, da die Größe der Beete den Einsatz von Pferdeanbau erforderlich macht. Darüber hinaus sind Topfpflanzen zu teuer.

Der erfolgreiche Marktbauer, von dem ich zuvor gesprochen habe, praktiziert die folgende Methode: Der Boden, auf dem Frühkartoffeln geerntet wurden, wird mit Hafer und Roggen gesät, und wenn diese Ernte im folgenden Sommer entfernt wird, wird der Boden gepflügt, geeggt und markiert In Reihen im Abstand von 1,20 m werden die Pflanzen aus dem im Jahr zuvor angelegten Feld entnommen.

Wenn das Feld im Juni bepflanzt wird, geht etwa im August ein Mann durch die Reihen und bedeckt die Spitzen der Ausläufer mit etwas Erde, um sie am Boden zu halten. Diese Arbeit wird normalerweise mit dem Fuß eines Mannes und einer Hacke erledigt; dann, nachdem das Wachstum im Herbst aufhört oder bevor es im folgenden Frühjahr beginnt, werden die aus den Ausläufern gebildeten Jungpflanzen von der Mutterpflanze abgetrennt und aufgenommen. Dies wird erreicht, indem ein einspänniger Pflug an der Außenseite der Reihen entlanggefahren wird, um die Ausläufer abzuschneiden und die Pflanzen auszuwerfen, sodass es für einen Mann einfacher ist, mitzugehen und die stärksten Pflanzen aufzusammeln, die dann in einen Graben getragen werden an einem günstigen Ort und blieb bis zum darauffolgenden Juni.

Die Gräben werden etwa 15 cm tief angelegt, die Pflanzen werden in einem Abstand von etwa 2,5 cm aufgestellt und der Graben wieder aufgefüllt. Wieder erledigen der Fuß und die Hacke eines Mannes die Arbeit. Die Idee dahinter ist, dass das Abtrennen der Pflanzen im Ruhezustand und die Lagerung dicht in einem Graben verhindert, dass sie den Schock spüren, der durch die Entfernung vom Mutterstamm entsteht, und das Wachstum bis zum Zeitpunkt des Schlafens verlangsamt. Wenn sie in dauerhafte Reihen gebracht werden, werden sie natürlich in einem Abstand von einem Fuß gepflanzt und die Felder werden durch den Einsatz eines einspännigen Grubbers zwischen den Reihen frei von Unkraut gehalten.

Selbst in der Feldkultur muss den Ausläufern Aufmerksamkeit geschenkt werden, sobald sie sich zu formen beginnen. Wenn man zulässt, dass aus jeder Pflanze mehrere wachsen, bildet die Reihe am Ende der Saison eine vergleichsweise feste Masse mit einer Breite von 15 bis 18 Zoll . Ein im Juni oder Anfang Juli angelegtes Feld wird im folgenden Jahr eine volle Ernte liefern und im zweiten Jahr fast genauso produktiv sein, wenn es früh bestellt und gedüngt wird . Danach sollte es jedoch umgepflügt und der Boden für Kartoffeln, Kohl oder andere Feldfrüchte genutzt werden bevor es wieder für Erdbeeren verwendet wird.

Der Boden, auf dem Erdbeeren angebaut werden sollen, sollte gut mit Stallmist für frühere Kulturen angereichert sein. Allerdings sollte handelsüblicher Dünger verwendet werden, solange die Beeren den Boden in Besitz nehmen, da Stallmist dazu neigt, Pilzsporen zu enthalten Krankheiten, die Erdbeeren befallen. Jedes Anzeichen dieser Krankheit sollte sofort durch Besprühen mit Bordeaux-Mischung überprüft werden. Noch etwas. Denken Sie beim Kauf von Pflanzen daran, dass es sogenannte perfekte und unvollkommene Pflanzen gibt. Letztere sind für alle praktischen Zwecke genauso gut geeignet, wenn sie neben perfekten Pflanzen gepflanzt werden, ansonsten jedoch nicht.

WIE MAN KLEINE FRÜCHTE ANBAUT

WENN sie reif gepflückt und sofort serviert werden, sind Beeren – eigentlich alle kleinen Früchte – zweifellos ein Luxus. Deshalb sollte ihnen im Landhaus immer etwas Platz eingeräumt werden, egal wie klein der Garten ist; und wenn es sich bei dem Haus um einen Bauernhof handelt, von dem erwartet wird, dass er sich selbst trägt, sollte der Beerengarten sofort nach der Inbesitznahme angelegt werden, da der Aufwand gering ist, sich schnell amortisiert und das notwendige Wissen sehr leicht erworben werden kann. Daher sind kleine Früchte ein dauerhafter Anbauzweig, der dem Liebhaber kleiner Mittel zu empfehlen ist, der ein marktfähiges Produkt benötigt, um den Topf am Kochen zu halten.

Wie auf den meisten alten Bauernhöfen gab es auf unserem Grundstück ein paar vernachlässigte Johannisbeersträucher, ein Stück halbwilde schwarze und rote Himbeeren und ein Erdbeerbeet in äußerst demoralisiertem Zustand. Aber selbst diese armen Degenerierten überzeugten uns von der Wirtschaftlichkeit des Anbaus kleiner Früchte für den Eigenbedarf und von dem Gewinn, den man daraus ziehen kann, den Tisch anderer Leute zu beliefern. Neben dem Luxus frisch gepflückter Früchte gibt es auch Konfitüren, Gelees und Liköre für den Winter. Am Ende des ersten Jahres haben wir die alten Brombeersträucher gründlich beschnitten und kultiviert und einen halben Hektar mit Brombeersträuchern sowie schwarzen und roten Johannisbeeren bepflanzt. Danach wurde die Fläche vergrößert , bis wir einen großen Beerengarten hatten, der auch in den schlechtesten Jahreszeiten immer einen Gewinn abwarf. Brombeersträucher wachsen auf fast jedem Boden, aber wenn sie gut gefüttert werden und ein angenehmes Zuhause haben, erbringen sie viel mehr. Die Frucht ist größer, hat eine bessere Farbe und einen feineren Geschmack . Wählen Sie daher nach Möglichkeit Böden mit eher sandigem Charakter und schwerem Untergrund. Am besten eignet sich ein Boden, auf dem bereits zwei oder drei Saisons lang kultiviert wurde, da er gut bearbeitet wurde und daher vergleichsweise frei von Unkraut ist. Beginnen Sie mit einem kleinen Beet, sagen wir einem halben Hektar, das zu gleichen Teilen zwischen schwarzen und roten Himbeeren, Brombeeren sowie schwarzen und roten Johannisbeeren aufgeteilt ist. Erdbeeren können nicht in einen allgemeinen Obstgarten mit kleinen Früchten aufgenommen werden, da die Beete nur drei Jahre lang rentabel sind. Es ist besser, sie in eine regelmäßige Fruchtfolge zu bringen und dabei den Boden zu nutzen, der zuvor mit Kartoffeln oder Mais besetzt war. Da der Platz etwas begrenzt ist, widmen wir dieses Kapitel den Brombeeren und Johannisbeeren.

gibt es jedes Jahr neue Pflanzen, die besonders beliebt sind , aber wir werden nur einige der alten Standardpflanzen behandeln , wie zum Beispiel die folgende Liste: Himbeeren (rot), Columbian und Cuthbert; (schwarz) Gregg und Cumberland; Brombeeren, Wilson und Taylor; Johannisbeeren, Red Cherry und Fay's Prolific; Stachelbeeren, Industrie und Perle. Der beste Plan besteht darin, ein paar Dutzend Pflanzen jeder Sorte in einer guten Gärtnerei als Elterntier zu kaufen und sie, sobald sie gut gewachsen sind, selbst zu vermehren. Himbeeren sollten einen Abstand von einem Meter haben, in Reihen mit einem Abstand von einem Meter. Den Boden gut mit Stallmist aufbereiten und in Reihen abgrenzen. Für die Markierung verwenden Sie am besten einen Pflug, da Sie dann eine Furche in der richtigen Tiefe haben, in die Sie pflanzen können. Wenn die Pflanzen weit gereist sind, stellen Sie sie in eine flache Pfanne oder ein halbes Fass und bedecken Sie die Wurzeln zehn bis zwölf Stunden lang mit Wasser, bevor Sie sie pflanzen. Gut beschnittene Brombeersträucher brauchen nicht abgesteckt zu werden, aber wenn man Jungpflanzen pflanzt, empfiehlt es sich, einige Pfähle abzuschneiden, die etwa einen Meter lang sind und an einem Ende spitz zulaufen. Treiben Sie einen alle drei Fuß entlang der Reihen und stellen Sie die Pflanze dann dicht daneben auf. Breiten Sie die Wurzeln in ihrer natürlichen Form aus und festigen Sie die Erde um sie herum gut. Binden Sie dann die Stöcke locker an den Pfahl, um zu verhindern, dass der Wind sie von einer Seite zur anderen bläst. Wenn zu diesem Zeitpunkt keine Pfähle verwendet werden, schwanken Brombeersträucher oder kleine Büsche bei jeder leichten Brise hin und her, und die Wurzeln werden gelockert, so dass sie keinen Halt mehr auf dem Boden finden können. Der Anbau sollte bis August genauso gründlich und konstant wie beim Mais erfolgen, um Unkraut zu bekämpfen und Wachstum zu ermöglichen. Nach August sollte der Anbau eingestellt werden, um das Wachstum zu kontrollieren und dem Sommerholz Zeit zum Reifen vor dem Frost zu geben.

Für diejenigen, die neu in der Gartenarbeit sind, bedarf das oben Gesagte möglicherweise einer Erklärung. Durch die Bodenbearbeitung, also das Aufrühren der Bodenoberfläche mit dem Grubber oder dem Gartenrechen, wird verhindert, dass die Feuchtigkeit aus dem Boden entweicht. Feuchtigkeit setzt die verschiedenen Eigenschaften des Bodens, die pflanzliche Nahrung darstellen, frei und bringt sie in eine verzehrbare Form. Eine reichliche Nahrungszufuhr fördert auf natürliche Weise das Wachstum. Stoppen Sie den Anbau, und die Nahrung nimmt ab, das Wachstum stoppt und die zarten Zweige an den Enden der Zweige haben Zeit, ausreichend zu verhärten, um dem Frost zu widerstehen, der neues Wachstum abtöten würde.

Das Pflanzen und die allgemeine Pflege sind bei Brombeeren praktisch gleich. Himbeeren sind unkrautiger oder sich ausbreitender Natur und werfen neue Triebe aus Wurzelbeeten aus, die zwischen den Reihen niedrig gehalten werden müssen, sonst wird der Beet innerhalb weniger Jahre zu einer wilden Wildnis. Bereits im ersten Sommer nach der Pflanzung empfiehlt sich ein Top-Schnitt, da sich frisches Wachstum bildet. Lassen Sie die Stöcke nicht länger als 20 Zoll werden. Das Abklemmen der Enden zwingt sie dazu, Seitenzweige und weitere Zweige von der Hauptwurzel abzuwerfen, was sehr wünschenswert ist, da Früchte nur an den Enden der im Vorjahr gewachsenen Zweige getragen werden. Nach dem ersten Jahr müssen alle alten Ruten, die Früchte getragen haben, herausgeschnitten werden. Im Winter, wenn der Saft in die Wurzeln zurückgekehrt ist, ist die beste Zeit für diese Arbeit; Da es für den Amateur jedoch möglicherweise schwierig sein kann, die alten Stöcke von den neuen zu unterscheiden, ist es sicherer, das Abreißen kurz nach dem Pflücken der Früchte durchzuführen, wenn kein Fehler passieren kann. Streuen Sie jeden Herbst gut verfaulten Stallmist um die Wurzeln jeder Pflanze und streuen Sie ihn so früh wie möglich im Frühjahr in den Boden, wenn das Wetter es zulässt. Fahren Sie gleichzeitig mit dem Pflug zwischen den Reihen, um die unerwünschten Wurzeltriebe zu zerstören. Brombeeren bilden keine Wurzelbeete, die neue Triebe hervorbringen, so dass das Pflügen zwischen den Reihen nicht geübt werden muss; Ansonsten erfolgt das Roden und Beschneiden praktisch wie bei Himbeeren.

Wenn mehr Pflanzen aus der Himbeergewächse benötigt werden, lassen Sie einige der Wurzeltriebe im Sommer wachsen und nehmen Sie sie im Frühjahr des folgenden Frühjahrs mit einem scharfen Spaten auf, der die Verbindung zwischen der neuen und der alten Pflanze ohne Verletzung durchtrennt entweder. Da Brombeeren nicht auf die gleiche Weise neue Pflanzen hervorbringen, müssen sie aus Samen oder Schichten erzeugt werden. Lassen Sie ein oder zwei Stöcke alter Pflanzen lang genug wachsen, um umzufallen und den Boden zu erreichen. Befestigen Sie die Spitzen im August mit einem gegabelten Stock am Boden und ziehen Sie um jeden herum etwas Schimmel auf . Sie werfen bald Wurzeln und Spitzenwachstum ab und können im Frühjahr des folgenden Frühjahrs etwa 20 cm über dem Wurzelende vom Mutterzweig abgeschnitten werden. Graben Sie eine neue Pflanze aus und pflanzen Sie sie wie Himbeeren in Reihen. Alle Brombeersträucher wachsen sehr kräftig und sind bemerkenswert frei von Krankheiten. Es ist jedoch ratsam, nach Anthracnose Ausschau zu halten, einem gräulich aussehenden Fleck mit violetter Mitte . Am wahrscheinlichsten treten sie im Sommer an jungen Stöcken auf, und wenn sie nicht bekämpft werden, vermehren sie sich und töten die Pflanzen schließlich ab. Befallene Stöcke sofort nach Entdeckung herausschneiden und verbrennen. Besprühen Sie die angrenzenden Pflanzen zwei- bis dreimal mit der Bordeaux-Mischung und lassen Sie zwischen den Anwendungen zwölf bis fünfzehn Tage Zeit . Wenn alte Pflanzen betroffen sind, brauchen Sie keine Rücksicht zu nehmen —

entfernen Sie Triebe von ihnen. Orangenrost ist der gelblich aussehende Fleck auf der Unterseite der Blätter. Das einzige Heilmittel ist das Ausgraben und Einäschern, aber ich bin wirklich der Meinung, dass es besser ist, alle fünf oder sechs Jahre neue Pflanzen zu pflanzen, anstatt über Ursache und Heilung gelegentlicher Krankheiten zu sprechen, denn frisch gewachsene, jugendliche Vitalität bekämpft Krankheiten unweigerlich mehr als jede Menge Doktorarbeit.

Johannisbeeren, sowohl schwarze als auch rote, sollten in jedem Kleinobstgarten vorhanden sein; oder wenn kein spezieller Obstgarten vorhanden ist, sollten im Gemüsegarten ein paar Sträucher gepflanzt werden. Die Büsche sollten einen Abstand von 1,50 m haben, wenn möglich an einem halbschattigen Standort und in nährstoffreichem, feuchtem Boden. Johannisbeersträucher tragen bei richtiger Pflege viele Jahre, und in diesem Fall muss der Schnitt nicht jedes Jahr erfolgen, da dieselben Zweige mehrere Jahre lang tragen; Es empfiehlt sich jedoch, alle zwei bis drei Jahre einige der älteren Zweige herauszuschneiden und so neues Wachstum zu fördern. Zu Beginn des Frühlings gut besprühen, dann noch einmal, nachdem sich die Früchte gebildet haben, und noch einmal im Spätsommer, wenn es sich um Bohrer handelt. Dies ist der schlimmste und häufigste Feind der Johannisbeere. Sie stammt von einer dunkelblauen Motte mit gelben Streifen am Körper ab, die ihre Eier auf die Knospen der äußeren Zweige legt. Aus den Eiern schlüpfen kleine weiße Raupen mit dunklen Köpfen. Nachdem sie das Aussehen des Busches zerstört haben, bohren sie sich in die Mitte der Stängel und bleiben dort bis zum folgenden Jahr. Viele Krankheiten und viele Insektenschädlinge werden abgewendet, wenn im Spätherbst alle toten Blätter unter den Büschen hervorgeharkt und verbrannt werden. Mulchen Sie die Büsche zu Beginn des Winters mit Stallmist ab und graben Sie sie im darauffolgenden Frühjahr in den Boden ein. Der Bestand lässt sich entweder durch das Teilen großer Büsche, was wirklich am schnellsten geht, oder durch Stecklinge erhöhen. Wenn Sie die letztere Methode anwenden – und wenn es nur junge Büsche auf dem Gelände gibt, muss dies der Fall sein –, schneiden Sie etwa 20 cm vom Ende gut entwickelter Zweige des Wachstums derselben Saison ab. Pflanzen Sie sie so, dass bis auf die oberste Blattknospe alles unter der Erde liegt. Der Abstand zwischen ihnen darf nicht mehr als 7,5 cm betragen und die Umpflanzung muss im folgenden Jahr erfolgen. August ist die beste Jahreszeit für die Stecklingsernte, da sie so vor dem Frost Zeit haben, Wurzeln zu bilden. Im November schützen Sie sie leicht mit einer Mulchschicht aus Stroh oder Laub. Sie sollten ein Jahr im Zuchtbett bleiben, bevor sie wieder an ihren festen Platz verpflanzt werden.

Stachelbeeren werden normalerweise grün gepflückt und für Kuchen verwendet, aber wenn die großfruchtigen Sorten angebaut werden, schmecken sie roh, wenn sie reif sind, köstlich. Der Boden sollte nährstoffreich, schwerer Lehm und gut durchlässig sein. In den ersten zwei bis drei Jahren nach dem Zurückschneiden der Triebe ist ein geringer Rückschnitt erforderlich, um Fruchtsporen entlang der Rute zu entwickeln, aber natürlich müssen schwache oder abgebrochene Äste entfernt werden.

Die Vermehrung erfolgt durch Ausläufer und Erdhügel, die amerikanischen Sorten wachsen jedoch auch problemlos durch Stecklinge. Um starke Hügelschichten zu erhalten, schneiden Sie die alten Büsche im Spätherbst oder frühen Frühling zurück, um das Entstehen neuer Triebe aus den Wurzeln zu fördern, und drücken Sie sie, wenn sie 1 bis 60 cm hoch sind, von der Mutterpflanze nach außen und bedecken Sie die Basis Bedecken Sie den Trieb bis etwa zehn Zentimeter über der Wurzel mit Erde und verdichten Sie ihn gut. Trennen Sie dann im Herbst oder im folgenden Frühjahr den Spross von der Mutterpflanze und verpflanzen Sie ihn in das dauerhafte Zuhause. Lassen Sie sie jeweils etwa einen Meter voneinander entfernt stehen.

WIE MAN MEHRJÄHRIGE PFLANZEN ZUCHT

DIE Wiederbelebung des alten, winterharten Gartens ist bei modebewussten Menschen zu einem solchen Hype geworden, dass die Landfrau, die ihr Einkommen aufbessern möchte, den Anbau mehrjähriger Pflanzen zum Verkauf als gewinnbringende Beschäftigung empfinden wird, vorausgesetzt, sie verfügt über ein wohlhabendes Einkommen - Machen Sie eine Gemeinde in Ihrer Nähe, wo sie einen passenden Markt finden kann.

Wie bei allen Beschäftigungen, die mit der Natur zu tun haben, ist es töricht, sich darauf einzulassen, es sei denn, man hat eine angeborene Liebe für die Arbeit, denn um Pflanzen oder Tiere erfolgreich zu züchten, bedarf es der umfassenden Sympathie und einer echten Affinität sowie technischem Wissen .

Der große Vorteil bei der Aufzucht von Beetpflanzen ist der geringe Platz- und Kapitalbedarf. 100 Quadratmeter und zwei bis drei Dollar für Saatgut ermöglichen es jedem, einen Anfang zu machen, der leicht zu einem großen Unternehmen ausgebaut werden kann. Der richtige Monat für die Aussaat von Stauden ist der Juni, aber da man dann etwa neun Monate auf die Erträge warten muss, bin ich mir sicher, dass der Anfänger mir darin zustimmen wird, dass es am besten ist, einige davon im Haus oder in der Brutstätte anzubauen, um dann die Sorten zu erhalten Diejenigen, die in der ersten Saison blühen, können im Mai oder Juni verkauft werden, und diejenigen, die erst in der zweiten Saison blühen, werden im Oktober große, kräftige Pflanzen sein, wenn viele Leute winterharte Pflanzen auf den Markt bringen.

Die gebrauchsfertig glasierten und gestrichenen Fensterrahmen für Frühbeete kosten jeweils nur drei Dollar und fünfzig Cent, und die Wände der Beete können aus beliebigen alten Brettern hergestellt werden, so dass sie die Anfangskosten nicht sehr erhöhen, aber Wenn Sie zunächst keine Lust haben, etwas so Professionelles wie dieses zu unternehmen, ist es durchaus möglich, mit flachen Boxen auszukommen, wenn Sie ein Süd- oder Südostfenster in einem Raum haben, in dem die durchschnittliche Temperatur zwischen 60 und 65 Grad liegt.

Die erste Überlegung besteht darin, eine gute Topfform für die Saatbeete oder Kisten zu besorgen. Es muss leicht und faserig sein, ein Zustand, den man am besten erreicht, indem man die Unterseite der Grasnarbe abschneidet und sie mit etwa der doppelten Menge normaler Gartenerde und etwas feinem Sand vermischt. Da Sie jedoch wahrscheinlich keinen Vorrat an Grasnarben haben und der gefrorene Zustand des Bodens es schwierig macht, sie zu bekommen, müssen Sie sie durch gut verfaulten Kuhmist ersetzen. Lassen Sie gewöhnliche Gartenerde an einen Ort tragen, der warm genug ist, um den gesamten Frost abzuleiten, und mischen Sie ihn dann gründlich mit dem pulverisierten Mist und Sand. Durch ein feines Sieb passieren und schon ist es gebrauchsfertig.

Selbst wenn das Brutbeet genutzt wird, ist es besser, kleine Kisten für die verschiedenen Samensorten bereitzuhalten und diese in das Brutbeet zu stellen, anstatt die Samen direkt in das Beet selbst zu säen, da einige Sorten länger zum Keimen brauchen als andere Es ist ein schwieriges Problem, ein Beet mit einer vielfältigen Auswahl zu belüften und zu bewässern , aber wenn die Samen in Kisten liegen, können sie während der warmen Tageszeit aus dem Beet entfernt werden, und die Schwierigkeit wird gemildert. Die Kisten sollten etwa 5 cm tief sein und im Boden einige Risse oder Löcher für die Entwässerung aufweisen. Bedecken Sie den Boden mit einer Schicht Kohlenasche und füllen Sie ihn dann bis zu einem Viertel Zoll über die Oberseite mit der Topfform . Gleichmäßig glatt streichen, wässern und an einen warmen Ort stellen.

Innerhalb weniger Tage wird es eine Ernte von Unkrautsämlingen geben. Reißen Sie sie ab, bewässern Sie sie erneut und warten Sie einige Tage, bis eine zweite Ernte eintrifft. Danach können Sie sicher mit der Pflanzung beginnen. Für sehr kleine Samen empfiehlt es sich, einen Mehl- oder Puderzuckerstreuer zu verwenden, anstatt zu versuchen, sie von Hand auszusäen. Wenn die Samen groß genug sind, um einzeln gehandhabt zu werden, wie etwa bei Stockrosen, stecken Sie sie mit der Spitze eines Bleistifts oder eines Holzspießes in einem Abstand von einem halben Zoll und in Reihen mit einem Abstand von einem Zoll in die Erde.

Nachdem die Samen platziert wurden, streuen Sie Schimmel darüber. Die Menge richtet sich nach der Größe der Samen. Die allgemeine Regel lautet: doppelt so hoch wie die eigene Tiefe; aber bei sehr kleinen Sorten ist es besser, überhaupt keine Abdeckung anzubringen.

Unabhängig von der Tiefe der Bedeckung muss der Boden mit einem glatten Stück Brett, das so zugeschnitten ist, dass es in den Kasten passt, fest angedrückt werden. Eine Schreibunterlage oder ein Roller ist sehr praktisch und erledigt die Arbeit sehr gleichmäßig. Scheuen Sie sich nicht davor, fest zu drücken. Die Samen müssen fest in der Erde verankert sein, sonst trocknet die Luft die ersten brüchigen Triebe aus und tötet sie ab. Nach dem Rollen und Pressen mit Wasser beträufeln, dann mit einem Stück Glas oder Papier abdecken und in der Brutstätte oder am Fenster aufstellen.

Um die Verdunstung zu verzögern, werden die Kartons mit Glas oder Papier abgedeckt. Die Samen dürfen während der Keimung niemals austrocknen; Bewässerung kann den Boden um sie herum so sehr stören, dass man sie nach Möglichkeit vermeiden sollte . Wenn es jedoch notwendig ist, verwenden Sie eine sehr feine Rose auf dem Sprinkler, warmes Wasser und seien Sie sehr vorsichtig.

Nachdem die Sämlinge erschienen sind, entfernen Sie die Abdeckung, und wenn sich die zweiten Blätter entwickelt haben, pflanzen Sie sie in frische Kisten um, wenn Sie auf Fensterkultur angewiesen sind. Wenn Sie ein Frühbeet haben, können Sie diese je nach Größe der Pflanzen in Reihen mit einem Abstand von 2,5 bis 5 cm anordnen.

Während der hellen, warmen Tage sollte der Flügel des Brutbeetes angehoben oder ganz entfernt werden, aber achten Sie sehr auf das Wetter. Der Frühling ist eine so gefährliche Jahreszeit, dass sich die warmen Morgen zu frostigen Nachmittagen entwickeln können. Bringen Sie den Flügel über dem Brutbeet immer bis 15 Uhr nachmittags wieder an und decken Sie ihn vor Einbruch der Dunkelheit mit Matten ab. Sobald der Boden für die Beete im Freien geeignet ist, graben und kultivieren Sie ihn gründlich, denn die Pflanzen, die für den Herbstverkauf zurückgehalten werden sollen, müssen ausgestreut werden, sobald alle Frostängste vorüber sind, und Samen dafür ausgesät werden Lagerbestand des nächsten Jahres.

Die Saatbeete im Freiland müssen gut vorbereitet und sehr fein und faserig sein. Säen Sie die Samen in Reihen aus und verpflanzen Sie sie wie bei den Zimmersämlingen. Alle Beete müssen während der Vegetationsperiode frei von Unkraut sein und gut gepflegt werden. Wenn im Herbst Unwetter auftreten, bedecken Sie die Pflanzen leicht mit Blättern oder Erde, dann überwintern die Pflanzen sicher und sind für den Frühjahrsverkauf im folgenden Jahr bereit. Die selbst gezüchteten Setzlinge, die dieses Jahr als Beet verkauft werden sollen, können in Gartenbeete gepflanzt werden, besser ist es jedoch, sie in kleine Einzeltöpfe zu stecken, die teilweise in Erde oder Sand eingetaucht werden sollten. Für Topfpflanzen zahlen Kunden in der Regel ein paar Cent Aufpreis.

Es gibt eine so endlose Vielfalt an mehrjährigen Pflanzen, dass es unmöglich ist, sie alle anzubauen; Tatsächlich wäre es sehr dumm, dies zu versuchen. Wählen Sie die bekanntesten und beliebtesten Arten aus und halten Sie einige in verschiedenen Größen bereit, damit Sie eine Auswahl an Betten treffen können. Stockrosen, Fingerhüte, Goldglut und Mönchshauben sind alle zwischen dreieinhalb und fünf Fuß hoch. Danach folgen Phlox, Rittersporn, falscher Drachenkopf, Canterbury-Glocken und Bergamotte. Eine Stufe tiefer stehen Akelei, Akelei, Aster, Akazie und Mauerblümchen. Noch niedriger sind Isländischer Mohn, Japanische Primeln, Rotkehlchen und Stiefmütterchen.

Im ersten Jahr würden Sie Ihren Gewinn steigern, wenn Sie einige der einjährigen Sorten aus der Brutbeet-Sammlung anbauen: Stockrosen, süße Sultaninen, süßer Tabak, Astern, Mauerblümchen, Reseda und Salbei. Zu den

Stauden, die in der ersten Saison blühen, wenn die Samen in Kisten oder Gewächsbeeten gesät werden, gehören die Mönchshaube (eine der schönsten unter den hohen blauen Blüten, die es auch in Weiß und Blau-Weiß-Mischung gibt); Rittersporn; Chinesische Glockenblume (große glockenförmige Blüten in Stahlblau, Weiß und Violett); Heliotrop und Marshmallows (rosa, rosafarben , weiß mit purpurroten Flecken und goldgelb mit kastanienbraunen Zentren) – diese gehören zu den wertvollsten Erstblühern, da sie den ganzen Sommer über blühen. Drei der duftendsten einjährigen Pflanzen sind süßer Tabak, süßer Sultan und Mignonette.

Zuckerrüben sind so alte Favoriten und so bunt , dass ich immer dankbar war, dass sie in der ersten Saison blühten . Mädesüß – oder Geißbart, wie es oft genannt wird – ist weiß und duftend. Die Deckenblume wird etwa 60 cm hoch und hat wunderschöne, dunkelbraune, samtige Blüten mit purpurroten Flecken. Selbstverständlich sollten alle für die frühe Zimmerkultur empfohlenen Sorten auch im Juni ins Freiland gesät werden, um für das Folgejahr reichlich kräftige Pflanzen zu haben.

JUNI-ROSEN

JUNI-ROSEN

DER erste Luxus, den wir uns auf der Farm gönnten, war eine Rosensammlung. Wir hatten einen Geldbetrag für einige notwendige Reparaturen zurückgelegt, und als sie abgeschlossen waren , waren noch sechs Dollar übrig, die wir für den Garten ausgeben wollten. Ein Dollar ging an mehrjährige Samen, ein weiterer an Glyzinienwurzeln. Die restlichen vier waren Rosen gewidmet. Wir schickten eine beworbene Sammlung winterharter Rosen, bestehend aus sechs zwei Jahre alten Pflanzen für einen Dollar und zwanzig Cent, zwei Crimson Ramblers für jeweils fünfzig Cent und zwei Dorothy Perkins für fünfzig Cent pro Stück, eine Sammlung für den Wintertrieb nur kleine Setzlinge und kosten vierzig Cent. Zuletzt kam noch eine zwei Jahre alte Moosrose hinzu, die ebenfalls vierzig Cent kostete. Seitdem wurden mehrere Zweijährige besonders gewünschter Sorten gekauft, aber die mit diesen vier Dollar getätigten Käufe stellten tatsächlich den Bestand dar, aus dem wir unseren eigenen und viele andere Gärten bevölkert haben.

Im ersten Jahr bedeckte die Dorothy Perkins-Pflanze etwa zwölf Quadratfuß Seitenwand, und alle bis auf die Winterkollektion und eine der anderen blühten in der ersten Saison. Einhundert Zettel wurden genommen und zweiundachtzig überlebten. Zwanzig wurden in der folgenden Saison für jeweils zehn Cent verkauft . Im zweiten Jahr wurden einhundert zu fünf Cent pro Stück an einen örtlichen Laden verkauft und drei Dutzend zu zehn Cent an Gelegenheitskunden. Die Winterkollektion durfte erst im zweiten Winter blühen; Dann wurden sie in den Veilchenhaus gebracht, wo sie sich ganz gut entwickelten, aber da wir weder Zeit noch Lust hatten, weitere Arbeiten im Gewächshaus vorzunehmen, unternahmen wir nie einen Versuch, den Bestand zu vergrößern oder Verkäufe zu tätigen. Der Rosenanbau für den Wintermarkt wird jedoch in unserer Umgebung recht intensiv betrieben, so dass ich genügend Beweise für den Gewinn habe, den man mit der Arbeit als Unternehmen erzielen kann. Aber ich glaube wirklich, dass der Anbau von Gartenpflanzen fast genauso profitabel ist und mit Sicherheit ein viel einfacherer und gesünderer Zweig der Arbeit ist. Darüber hinaus sind weder Kapital noch die für die Treibhauskultur erforderlichen Kenntnisse erforderlich.

Der beste Boden für Rosen ist ein Boden, der reich an pflanzlichen Stoffen wie Rasen, Wurzeln und abgefallenen Blättern ist, die lange genug der Einwirkung der Elemente ausgesetzt waren, um zu zerfallen und mit der Erde zu verschmelzen. Es handelt sich um den Zustand, der in der Bodenbedeckung von Wäldern und Wäldern vorkommt und der zu Hause mit einem Komposthaufen simuliert werden kann. Alte Grasnarben, Blätter und alle pflanzlichen Abfälle werden mit abwechselnden Schichten Gartenerde aufgeschichtet, mehrere Monate lang stehen gelassen, dann gründlich gegabelt und neu aufgeschüttet . Wenn es verwendet werden soll, passieren Sie es durch ein grobes Sieb und mischen Sie es mit der Hälfte der eigenen Menge Kuhmist.

Wenn Ihr Gartenboden nicht sehr gut ist, graben Sie große Löcher mit einer Tiefe von 60 cm im Quadrat. Anschließend mit selbstgemachtem Kompost, Walderde und altem Kuhmist auffüllen. Wenn die Jungpflanzen aus der Gärtnerei kommen, packen Sie sie aus und stellen Sie die Wurzeln ins Wasser. Sollte der Boden noch nicht bereit sein oder ein anderer Grund eine Verzögerung der Pflanzung erforderlich machen, fügen Sie dem Wasser, in dem die Pflanzen stehen, reichhaltige Erde hinzu, bis sie etwa die Konsistenz von Schlamm hat, und halten Sie sie in diesem Zustand, bis die Pflanzen gepflanzt werden können in ihren festen Anstellungen im Freien.

Machen Sie in der Mitte des ausgefüllten Raums ein Loch, das groß genug ist, damit die Wurzeln ihre volle Kapazität entfalten können. Drücken Sie die Pflanzen niemals in ein kleines Loch, da dies eine Verdoppelung der Wurzeln erforderlich macht. Dies gilt für alle Pflanzen sowie Rosen. Nachdem die Wurzeln gleichmäßig im Loch verteilt sind, streuen Sie Erde bis zu einer Tiefe von fünf Zentimetern darüber. Anschließend reichlich gießen und nachdem das Wasser vom Boden aufgenommen wurde, mit trockener Erde auffüllen und gut andrücken.

Durch das Gießen während des Einfüllvorgangs wird die Erde in alle Spalten rund um die Wurzeln gespült und die Feuchtigkeitsversorgung rund um die Pflanzen sichergestellt. Das Einbringen der trockenen Erde darüber verhindert die Verdunstung, so dass die Wurzeln wertvolle Nahrung haben, während sie ihren Halt auf Mutter Erde wiedererlangen.

Ein weiterer Punkt, den Sie beim Anpflanzen von Wurzeln beachten sollten, ist, dass eine Ost- oder Nordausrichtung einer Südausrichtung vorzuziehen ist, da die Morgensonne besser für sie ist als die starke Mittagsblendung. Halten Sie den Boden so sauber und gut gepflegt wie bei zarten einjährigen Pflanzen.

Nun kommen wir zur Frage der Nahrung für diese gefräßige Schönheit. Besorgen Sie sich ein starkes Fass und stellen Sie es auf Blöcke, um es etwa auf die Höhe eines Eimers über den Boden zu heben. Befestigen Sie dann die Öffnung eines gewöhnlichen Leinensacks fest um die Oberseite des Fasses, sodass der Boden des Sacks nach innen fällt einen Zoll vom Boden des Fasses entfernt. Setzen Sie einen gewöhnlichen Hahn direkt über dem untersten Reifen ein, leeren Sie dann zwei Eimer mit frischem Kuhmist in den Beutel und gießen Sie Wasser darüber, bis das Fass voll ist. Lassen Sie es zwei bis drei Tage stehen, bevor Sie es verwenden. Dosierung: Drei Liter der

Flüssigkeit für jede Pflanze alle zwei Wochen, ab dem Zeitpunkt, an dem sie im Frühjahr ihr Leben zeigen, bis September.

Hybridtees sind die Sorte, die sich am besten für die Gartenkultur eignet. Sie umfassen einige unserer schönsten Rosen, sind absolut winterhart und blühen den ganzen Sommer über. Zu dieser Klasse gehört die gesamte Familie Killarney und Lyon; La France, Viscountess Folkestone , Mrs. Aaron Ward, Harry Kirk und etwa hundert andere. Um eine freie Blüte zu gewährleisten , darf nichts am Strauch verblassen. Beobachten Sie die Pflanze genau und schneiden Sie sie ab, sobald die Blütenblätter Anzeichen von Welke zeigen. Lassen Sie lange Stängel zu, da dies die natürlichste Art ist, diese Pflanzen zu beschneiden und einen bis zum Frost reichenden Bestand zu gewährleisten.

Crimson Ramblers habe ich komplett verworfen, da ihre Blütezeit kurz ist und ihr Laub nicht attraktiv ist. Dorothy Perkins und Hiawatha wachsen beide schnell und sind in jeder Hinsicht besser.

Vor zwei Jahren habe ich eine Pflanze der neuen deutschen Kletterpflanze Thousand Beauties gekauft, die ihren Namen zu Recht trägt, denn sie ist voller Blüten, und es ist, als hätte man zwanzig Pflanzen in einer, da sie Blüten in allen Schattierungen trägt, von Weiß bis hin zu Weiß bis tiefrot. Es war den ganzen letzten Sommer über ein ständiges Wunder und eine Freude und hat genauso viel Wachstum hervorgebracht wie alle anderen Kletterpflanzen, daher denke ich wirklich, dass es einen Platz in jeder Sammlung wert ist.

Im Herbst werden alle Sträucher konservativ beschnitten. Damit meine ich, dass nur ein Teil des alten Holzes entfernt wird – nicht das gesamte – und dass die wuchernden jungen Triebe auf etwa die Hälfte ihrer Länge zurückgeschnitten werden. Nachdem der Boden gefroren ist, wird eine dicke Schicht Kuhmist in einem Abstand von zwei bis drei Fuß um die Pflanzen gelegt, je nach der Größe des Busches, und zur Weihnachtszeit, bevor das wirklich strenge Wetter kommt, werden abgefallene Blätter entfernt Darüber ausgebreitet und ein paar Zedernzweige, damit sie nicht weggeblasen werden. Im Frühjahr, sobald der Boden bearbeitet werden kann, werden Mist und Laub in den Boden eingearbeitet und alle im Winter abgetöteten Äste abgeschnitten.

Unsere Sammlung wurde ausschließlich durch Stecklinge erweitert. Ich schneide etwa 15 cm vom Ende der Zweige entfernt ab, in der Nähe einer Knospe. Diese Stecklinge werden zwei oder drei Tage lang im Wasser stehen gelassen, dann in flache Kisten gepflanzt, die mit feuchter, nährstoffreicher Erde gefüllt sind, und in einem hellen, warmen Keller aufbewahrt, wo die Durchschnittstemperatur etwa fünfzig Grad beträgt . Im darauffolgenden Jahr werden sie in Anzuchtbeete ausgepflanzt, bis sie im August in ihrem endgültigen Zuhause aufgestellt werden. Letzten Sommer habe ich zehn direkt aus dem Keller in ein Gartenbeet gepflanzt, und im Juli waren sie zweieinhalb Fuß hoch und trugen von August bis zum 15. September, als wir eine harte, frostige Nacht hatten, jeweils vier bis sieben Blüten Habe alle Entwicklungen überprüft.

Wenn die Stecklinge für den Wintertrieb vorgesehen sind, verfahren Sie bis zum zweiten Frühjahr wie zuvor und verpflanzen Sie sie dann in Töpfe, die bis zum Rand in die Erde eingetaucht werden sollten.

Drehen Sie die Töpfe etwa einmal pro Woche um, um zu verhindern, dass Wurzeln, die sich durch den Topfboden drängen, den Boden festhalten. Gleichzeitig sollten eventuell erscheinende Blütenknospen abgeknipst werden. Füttern Sie gut, um das Wachstum zu fördern, und füllen Sie etwa im Juli die Bänke im Gewächshaus mit reichhaltiger Erde auf, der ein beträchtlicher Anteil Silbersand beigemischt wurde. Nehmen Sie die Pflanzen aus den Töpfen und stellen Sie sie in einem Abstand von etwa fünfzehn Zoll auf. Selbstverständlich darf das Feuer nicht im Heizapparat gelegt werden, alle Fenster und Türen müssen offen gehalten werden, damit die Pflanzen ausreichend Luft haben, und an heißen, wolkenlosen Tagen sollten sie drei- bis viermal leicht besprüht werden ein Tag. Nach dem 1. September besteht Frostgefahr, daher ist es am besten, die Fenster nachts zu schließen, aber das Hauptanliegen besteht darin, die Pflanzen kühl zu halten, damit sie wachsen können, bis die Feuer angezündet werden und der Trieb richtig beginnt, was ungefähr der Fall sein sollte Oktober. Wenn das Feuer zum ersten Mal angezündet wird, halten Sie die Temperatur auf etwa fünfundfünfzig Grad, erhöhen Sie sie langsam auf fünfundsechzig und dann auf siebzig Grad.

Das Gießen ist ein großes Problem, und nur durch Übung kann man die genauen Proportionen wirklich erlernen. Die einzige allgemeine Anweisung lautet: Die Pflanze darf niemals austrocknen und auch nie zu nass sein. Ein Spray gegen grüne Fliegen und andere Insekten sollte ein- bis zweimal pro Woche abends angewendet werden, sobald die Pflanzen aus dem Garten ins Haus gebracht werden.

LAVENDEL UND KRÄUTER

ES ein Kräuterbeet geben, denn der Nutzen ist vielfältig. Ihr Damen der alten Zeiten wussten und schätzten ihren Wert, aber als sich die Hausfrau in häusliche Wissenschaft verwandelte, versank das traditionelle Gesetz unserer Großmütter in Spott, und viele Faktoren des heimeligen Komforts wären für immer in Vergessenheit geraten, wenn nicht ein weiser Mensch damit angefangen hätte Begeisterung für alte Möbel. Das weckte ein allgemeines Interesse an der Hausfrauentradition der alten Zeit und führte zu einer Wiederbelebung halb vergessener Künste, darunter der Gartenbau und das Kräuterbeet.

Ich verbrachte die meisten meiner Schulferien bei meiner Großmutter in Yorkshire, England, wo viele Bräuche aus der Zeit von Königin Anne unverändert geblieben sind. Deshalb schienen mir Lavendel und Kräuter in einem Haushalt mit Selbstachtung unverzichtbar zu sein, und sobald ich einen Garten besaß, wurden sie installiert. Vielleicht haben Sie noch nie das Vergnügen erlebt, in Laken zu schlafen, die nach süßen Kräutern duften, also wissen Sie nicht, was Ihnen entgeht. Bei der Großmutter wurden hauchdünne Musselinbeutel mit Lavendel, Thymian und Rosmarin gefüllt und in jedem Schrank, jeder Kommodenschublade und jeder Truhe aufbewahrt. Große Gefäße, gefüllt mit Rosenblättern und Reseda, allen Kräutern und vielen Gewürzen, wurden in den Wohnzimmern und Fluren verstaut, und die Deckel wurden etwa eine halbe Stunde nach dem Fegen und Staubwischen entfernt, so dass ein schwacher, unbeschreiblicher Duft in die Nase drang Das ganze Haus war überaus entzückend. Punk-Sticks und Pastillen haben einen so positiven Geruch , dass man mit der Zeit sehr müde von ihnen wird, aber Kräuterdüfte , die zart und unbeschreiblich sind, erinnern lediglich an die Frische der Wiesen im Juni und beleben die Sinne, anstatt sie zu ermüden.

Das Kraut ist daher für alle Arten von Teint- und Haarwaschungen von unschätzbarem Wert. Sogar die Schönheit Helenas von Troja wurde ihrem Gebrauch zugeschrieben. Als Desinfektionsmittel – nun ja, die Pest sollte aus Athen vertrieben werden, indem die Luft mit aromatischen Kräutern gereinigt wurde, und während der großen Pest in England zu Elisabeths Zeiten kleine Kügelchen aus Parfümpaste, umhüllt von Silber, Gold oder Elfenbein, durchbrochen gearbeitet Medaillons oder Pomaden wurden um den Hals gehängt oder in den Taschen getragen, und während eines Pockenausbruchs brachte Großmutter mehrere solcher geerbten Schätze hervor und füllte sie mit einer Mischung aus Bienenwachs, Kräutern und Gewürzen, und wir alle trugen sie in der Alter Weg. Welchen Einfluss sie auf die gefürchtete Krankheit hatten, kann ich nicht abschätzen, aber wir sind alle davongekommen. Das getrennte oder gemischte Schicksal und der Aberglaube haben mich dazu gebracht, solche Verbindungen zu verwenden, wann immer ich reise oder wissentlich einer Infektion ausgesetzt bin. Selbst Mediziner leugnen nicht den Nutzen süßer Düfte oder ihren Wert als Desinfektionsmittel. Warum sollten wir also nicht das unbestrittene Vergnügen genießen , wenn es nur ein paar Packungen Samen und ein wenig Ärger bedeutet?

Lavendel ist winterhart, wenn er einmal fest etabliert ist, aber es ist nicht die einfachste Staude, die man hierzulande anbauen kann. Zuerst kaufte ich Baumschulbestände, aber von zwei Dutzend Pflanzen, die ich zwei Jahre lang aus vier verschiedenen Quellen bekam, überlebte nur eine, und das war immer eine Halbinvalide, also griff ich auf die langsamere Methode der Aussaat zurück. Im März wurde eine flache Kiste mit Blumenerde gefüllt, gründlich mit Wasser getränkt, dann mit etwa einem Viertel Zoll Erde bedeckt, fest getupft, die Kiste mit Glas abgedeckt und in ein Westfenster gestellt. Sobald die Sämlinge auftauchten, wurde das Glas entfernt, sie wurden jedoch vor der direkten Sonne geschützt und jeden Morgen leicht bestreut. Als sie 5 cm hoch waren, wurden sie in eine tiefere Kiste verpflanzt und 5 cm voneinander entfernt platziert. Etwa zwei Monate später wurden sie in ein halbschattiges Saatbeet im Garten gepflanzt und die letzten beiden Blätter jeder Pflanze abgeknipst, um ein buschiges Wachstum zu gewährleisten. Die Kultivierung erfolgte den ganzen Sommer über, bis sie im August erneut umgepflanzt wurden – dieses Mal in ein Beet, das ihr dauerhaftes Zuhause sein sollte – eine Grenze, die teilweise von Sträuchern beschattet wurde. Da der Sommer sehr trocken war, wurden sie jeden Abend besprüht. Als kühles Wetter einsetzte, wurden die Blätter zwischen den Pflanzen verstreut, und die Menge nahm zu, je strenger das Wetter wurde. Im Frühjahr wurde der Mulch entfernt und etwas Knochenmehl in den Boden rund um die Pflanzen geharkt. Der Boden muss jeden Winter abgedeckt werden, und es ist gut, im Frühherbst eine Beizung aus gut verrottetem Kuhmist in das Beet zu graben.

Im Juni oder Juli haben wir immer riesige Blumenmengen. Wir haben keines davon vermarktet, aber sie bildeten die Grundlage für viele Weihnachts- und Geburtstagsgeschenke. Zehn Pfund Lavendelblüten und jeweils ein Pfund Moschus-, Thymian-, Rosmarin- und Minzblätter, alles getrocknet und mit einer Unze gemahlener Nelken vermischt, war Großmutters Formel für Mottenbeutel, die unsere Pelze und Wollstoffe genauso wirksam konservierten wie Kampfer Kugeln oder Teermischungen.

Salbei wird für Schweine-, Enten- und Gänsedressings benötigt und ist eines der besten Stärkungsmittel für die Haare: Die breite Blattsorte wächst am besten. Es wird Zeit sparen, die Pflanzen zu kaufen; Sie kosten jeweils nur zehn Cent, sind sehr einfach anzubauen und ziemlich robust. Drei Pflanzen reichen für die Hausversorgung aus. Stellen Sie die Pflanzen in einem halbschattigen Standort mit einem Abstand von einem Meter auf. Es gibt zwei Sorten Thymian; beides sollte einen Platz im Garten finden, das Breitblatt-England im Kräuterbeet zum Würzen von Eintöpfen und Suppen; Sie duftet nach Mandeln im Blumengarten, denn es ist eine hübsche bunte Pflanze, die das ganze Jahr über grün bleibt und nur für Beutel und Potpourri verwendet wird. Beide Sorten sind mehrjährige Pflanzen, aber wenn sie früh im Frühjahr gesät werden, reifen sie in der ersten Saison. Das Saatgut sollte in Reihen im Abstand von neun Zoll auf nährstoffreichen Boden gesät werden, der mit einem feinen Gartenrechen in einen feinen, lockeren Zustand bearbeitet und später mit einem Brett oder der Rückseite eines Spatens geglättet wurde. Markieren Sie die Reihen, indem Sie die Kante eines Brettes auf den Boden drücken. Machen Sie keine Furche, da der Samen sehr klein ist. Anschließend gründlich mit einer feinen Rose auf die Wasserkanne streuen. Bewegen Sie die Dose hin und her, bis der Boden bis zu einer Tiefe von einem Zoll vollständig gesättigt ist. Warten Sie eine Stunde, streuen Sie dann den Samen dünn auf die markierten Linien und bedecken Sie ihn etwa 16 Zoll mit trockener, feiner Erde. Es empfiehlt sich, den Mehlbagger mit Erde zu füllen und über die Reihen zu schütteln, denn dann ist eine gleichmäßige Verteilung gewährleistet. Nachdem das Saatgut bedeckt ist, legen Sie ein Brett über die Reihe und drücken Sie es leicht an, um sicherzustellen, dass das Saatgut im Boden verankert wird.

Thymian, Majoran – eigentlich alle kleinen Samen – gedeihen besser, wenn sie teilweise im Schatten stehen. Ich mache lange, schmale Rahmen aus Latten und bedecke sie mit ungebleichtem Musselin. Dann treibe ich ein paar Stöcke in jede Seite der Reihe und lege die Rahmen darüber. Zur Sicherheit vor Windstürmen empfiehlt es sich, ein paar Nägel durch die Rahmen in die Stäbe zu stecken. Gegen elf Uhr empfiehlt es sich, das Musselin über die Rahmen mit Wasser zu streuen, da die Verdunstung verhindert, dass die Sämlinge zu trocken werden. Wenn die Zeit nicht reicht, um die Rahmen herzustellen, verteilen Sie zwei oder drei Schichten über die Reihen, befestigen Sie sie mit Steinen oder mulchen Sie sie mit Rasenschnitt. Erstere gefallen mir am besten, weil sie leicht zu entfernen sind und nicht so unordentlich sind wie Grasmulch, der trocknet und herumweht.

Wenn die Sämlinge gut etabliert sind – das heißt, wenn sie ihr zweites Blattpaar haben und einen Zentimeter hoch sind – muss der Mulch entfernt werden, aber wenn die Rahmen verwendet werden, können sie noch eine Woche bleiben.

Rosmarin ist eine weitere mehrjährige Pflanze und die Pflanzen können problemlos in jeder Baumschule bezogen werden. Wenn Sie jedoch Samen anbauen möchten, gehen Sie genauso vor wie beim Thymian. Wenn Sie eine gut gewachsene Pflanze haben, ist es besser, sie durch Schneiden zu vermehren, als sie aus Samen zu ziehen. Sie benötigen einen nährstoffreichen Boden, einen sonnigen Standort und benötigen im Winter etwas leichten Schutz. Die ganze Pflanze ist aromatisch, aber die Blüten sind am stärksten. Das daraus destillierte ätherische Öl ist der Hauptbestandteil von Eau de Cologne. Je eine Tasse Lavendel, Thymian, Rosmarin und Minze, zwei Stunden lang in zwei Liter heißes Wasser eingeweicht, abgeseiht und in ein warmes Bad gegeben, vertreibt auf wundersame Weise Müdigkeit, und bei längerer Genesung reicht eine Tasse dieser Mischung aus Das Baden im Schwamm ist für den Kranken äußerst erfreulich und erfrischend.

Bohnenkraut ist einjährig. Die Aussaat muss im Frühsommer in flachen Bohrern im Abstand von neun Zoll erfolgen. Süßer Majoran ist eine mehrjährige Pflanze und sollte genauso kultiviert werden wie Lavendel. Beide werden zum Würzen , Füllen und Suppen verwendet . Geflügel, Safran und Wermut gehören vor allem zur Geflügelabteilung. Die ersten sind einjährig, die letzten mehrjährig. Borretsch ist eine einjährige Pflanze, die Salaten und Sommergetränken die pikante Note verleiht, an der sich Genießer erfreuen und die Bienen einfach nur lieben. In trockenen, sandigen Boden pflanzen. Dill und Estragon dürfen in der Kräutersammlung nicht fehlen, denn sie verfeinern das Einlegen und sind für viele Soßen notwendig. Es handelt sich bei beiden um einjährige, einfach zu kultivierende Pflanzen, die in jedem Garten wachsen. Säen Sie in Reihen mit einem Abstand von 25 cm und verdünnen Sie die Pflanze, wenn die Pflanzen zweite Blätter bekommen. Um Estragon-Essig herzustellen, pflücken Sie einen halben Liter der jungen Zweige, waschen Sie sie und gießen Sie zwei Liter Malzessig darüber. Lassen Sie es zwei bis drei Wochen stehen, seihen Sie es ab und fügen Sie frische Zweige hinzu, wenn es nicht ganz stark genug ist. Nach zwei Wochen abseihen und zum Gebrauch in Flaschen füllen.

Grüne Minze benötigt feuchte Erde. Wir bauen es in großen Mengen an, da wir im Frühling und Sommer einen guten Markt für fünf Cent pro Bund haben. Nach dem Einbringen in einen geeigneten Boden stellt es keine Probleme dar, da es sich schnell ausbreitet und über das Schneiden hinaus, das für den Markt notwendig ist, keiner weiteren Kultivierung bedarf.

Machen Sie nicht den Fehler, die gewöhnliche wilde Minze zu verpflanzen, denn normalerweise ähnelt der Geschmack eher der von Pfefferminze als von der Grünen Minze, der Sorte, die für Saucen gefragt ist. Wir haben ursprünglich drei Pflanzen gekauft, die jeweils fünfzehn Cent gekostet haben, und jetzt bedecken sie etwa fünfzig Fuß einer Seite des Hintergartens, wo der Boden feucht ist und von einigen alten Quittenbäumen beschattet wird.

WACHSENDE BRUNNENKRESSE

BRUNNENKRESSE ist das ganze Jahr über auf den Märkten aller Großstädte stark nachgefragt. Daher handelt es sich um eine verkaufsfähige Ernte, die vor allem die Pendlerschicht der Landwirte ansprechen dürfte, da sie frisch gepflückt werden muss, um ihre beste Wirkung zu erzielen, und natürlich nicht versendet werden kann Die Entfernung zum Markt ist lang, was vielleicht der Hauptgrund dafür ist, dass es sich um eine so ertragreiche Ernte handelt. In Frankreich und England gibt es zahlreiche Brunnenkressefarmen, vor allem in der Umgebung von Paris und London; Aber in diesem Land fängt man gerade erst an, es in größerem Umfang anzubauen, da die Hauptmarktversorgung durch Italiener erfolgt, die kurze Reisen ins Land unternehmen und es aus den Teichen und Bächen sammeln, wo es wild wächst. Unter solchen Umständen ist es nicht verwunderlich, dass die Blätter giftiger Wasserpflanzen häufig in Bündeln gefunden werden, die auf öffentlichen Märkten zum Verkauf angeboten werden. Vier Jahre lang beliefern wir unsere Eierkunden und ein Hotel mit Kresse und bekamen nie weniger als fünf Cent pro Bund, meist zehn Cent, und von November bis März zwölf bis fünfzehn Cent für einen großen Bund.

Wie viele der Nebenbetriebe, die unserer Mühle Mahlgut zugeführt haben, entstand es aus einem scheinbaren Zufall . Im Bach, der durch die unteren Wiesen verlief, gab es ein großes Wildbett, aus dem wir im Frühling und Sommer Kresse sammelten. Als wir eines Tages im Januar eine Wagenstraße entlang liefen, waren wir erstaunt, unter dem dürftigen Schutz einer niedrigen Holzbrücke, die den Bach überquerte, viele frische grüne Zweige wachsen zu sehen. Wir akzeptierten den Hinweis und beschlossen, im folgenden Jahr genügend Bach zu schützen, um uns den ganzen Winter über mit frischem Salat zu versorgen. Irgendwann im Oktober wurde auf beiden Seiten des Baches Gestrüpp über eine Länge von etwa zwei Metern aufgetürmt. Im November, als die Nächte richtig kalt zu werden begannen, machten wir einige Rahmen aus dünnen Zedernstangen, verflochten sie mit starken Zedernzweigen und platzierten sie dann über dem Bach, wobei die Enden auf dem Gestrüpp ruhten, wodurch sie um etwa neun Meter angehoben wurden Zoll über der Kresse. Obwohl die Anordnung primitiv war, bewies sie zweifelsohne, dass das Treiben von Brunnenkresse praktikabel war.

In diesem Winter legten wir oft ein wenig Kresse um das Geflügel, das an Privatkunden geliefert wurde, und es kamen so viele Anfragen nach einer regelmäßigen Lieferung, dass wir zu dem Schluss kamen, dass es sich lohnen würde, die Beete zu vergrößern. Da der Bach jedoch in einiger Entfernung vom Haus lag und für die Kühe auf der unteren Weide zugänglich war, beschlossen wir, den Ausweg aus dem Quellhaus zu nutzen, der nie versagte.

Bis zu diesem Zeitpunkt war es durch einen gefliesten Abfluss unter dem seitlichen Rasen abgeführt worden. Die Arbeiten begannen mit dem Ausheben eines drei Fuß breiten und einen Fuß tiefen Grabens. Anfangs war es nur fünfzig Fuß lang; anschließend wurde es auf 100 Fuß erhöht. Da der Boden aus schwerem Lehm bestand, karrten wir sauberen Sand von einer Böschung am anderen Ende der Farm und bedeckten den Boden des Grabens bis zu einer Tiefe von drei Zoll, um ein Saatbett zu bilden und auch um die üblichen gruseligen Geräusche einzudämmen. krabbelnde Bachlebewesen.

Alle fünf Fuß des Grabens wurden Schleusen eingebaut – kastenartige Anordnungen aus groben Brettern, von denen eine nach Belieben angehoben und abgesenkt werden konnte, so dass die Wassermenge in jedem fünf Fuß langen Abschnitt unterschritten wurde Kontrolle. Als der Graben und die Schleusen fertiggestellt waren, wurde eine in der Mitte geteilte Falle vor den Ausgang des Quellhauses gestellt, um den Wasserfluss zu teilen, und ein Stück Ziegel an jedem Ende der Falle leitete ihn zum gegenüberliegenden Ende Seiten des Grabens, um eine gleichmäßige Verteilung zu gewährleisten.

Es handelt sich um ein besonderes Steingebäude mit einer Fläche von zwölf Quadratmetern, das für Milch und Butter genutzt wird. Der Boden liegt etwa drei Fuß unter der Erde, und eine Rinne von vierzehn Zoll Breite und zwölf Zoll Tiefe verläuft rund um die vier Seiten und wird ständig mit kaltem, fließendem Wasser aus einer Quelle gefüllt, die sich etwa drei Fuß rechts davon befindet Haus. Das Wasser wird beim Eintritt in das Haus durch einen Stein geteilt und fließt in der Rinne nach rechts oder links, bis es den Abfluss auf der gegenüberliegenden Seite des Hauses erreicht. Der Boden und die Dachrinne bestehen aus Stein, sodass der Ort wunderschön sauber ist und einer alten Molkerei auf dem Land sehr ähnelt.

mit Wasser gesättigt waren , wurde alles bis auf den geringsten Tropfen abgestellt. Wurzeln aus dem Wiesenbach wurden gesammelt, sorgfältig in Süßwasser gewaschen, um die oben erwähnten gruseligen Kreaturen zu entfernen, und dann in den Sand am Boden des Grabens gelegt. Auf die Wurzeln jeder Pflanze wurden Feldsteine gelegt, um zu verhindern, dass sie sich durch die Einwirkung des Wassers lösten, bevor sie Zeit hatten, einen Ankerplatz zu errichten. Nach zwei Wochen ließ man den gesamten Wasservorrat in den Graben fließen und bedeckte den Boden bis zu einer Tiefe von fünf Zoll.

Die ganze Hälfte der Pflanzen starb und musste neu gepflanzt werden, aber im darauffolgenden Jahr war der gesamte Graben nur noch eine einzige Kressemasse. Die Blätter waren viel größer und der Geschmack viel besser, als es die Kresse jemals in ihrem wilden Zustand gehabt hatte. Wenn wir im Winter den besten Preis erzielen wollten, wollten wir die Ernte natürlich zu dieser Jahreszeit erzwingen. Wir bauten Seitenwände mit einer Tiefe von fünfzehn Zoll bis zum Graben und verwendeten grobe Platten, was uns nur fünfzig Cent pro Ladung aus dem Sägewerk im Wald kostete. Dann haben wir den gewöhnlichen Frühbeet-Flügel darüber verwendet.

Nachdem die Beete einmal angelegt sind, besteht ihre Kultivierung im Schneiden und sonst nichts; und da das Schneiden für die Versorgung des Marktes notwendig ist, ist es tatsächlich zutreffender, es Ernten als Kultivieren zu nennen; Wenn man jedoch versäumt, die Beete regelmäßig zu schneiden, sobald sie 10 cm hoch sind, wird das Beet sehr schnell ruiniert, da die Pflanzen dickstämmig und ausladend werden.

Wir stellen fest, dass alte Betten in der Regel nicht so rentabel sind wie junge, deshalb erneuern wir jedes Jahr drei bis vier Abschnitte. Die Methode besteht darin, im Juli Wasser zurückzuhalten, bis die Pflanzen absterben, sie dann hochzureißen und anschließend den Boden des Grabens auszuheben, um Luft hereinzulassen und den Boden zu versüßen. Nach zwei bis drei Tagen wird es wieder eben geharkt und ein paar Ladungen frischer Sand auf dem Boden ausgebreitet, der wie zuvor mit Wasser gesättigt ist. Allerdings verwenden wir jetzt anstelle der alten Wurzeln drei Zoll lange Streifen aus den Enden alter verzweigter Pflanzen. Sie wurzeln sehr schnell und ergeben bessere Pflanzen als die alten Wurzeln.

Zweimal haben wir einen völlig neuen Stamm aus der Saat begonnen und sind der Meinung, dass das Ergebnis die zusätzliche Mühe durchaus wert ist. Da die Samen sehr leicht und klein sind, ist es am besten, sie in flachen, mit Sand gefüllten Schalen zu pflanzen, die natürlich mit Wasser gesättigt, aber nicht untergetaucht sein müssen.

Mai oder Juni ist die beste Jahreszeit für diese Pflanzung, denn dann sind die Pflanzen groß genug, um im Juli in Beete gepflanzt zu werden, und sind vor der Treibsaison gut etabliert.

Für eine kleine Hausversorgung im Winter können halbe Fässer oder Waschzuber verwendet werden. Füllen Sie sie zur Hälfte mit sandiger Erde und stellen Sie sie in einen hellen, warmen Keller. Stellen Sie die Pflanzen im August in einem Abstand von 10 cm auf und halten Sie sie ständig feucht. Wenn Sie keine Möglichkeit haben, Samen zu bekommen, kaufen Sie Saatgut bei einem guten Saatguthändler. Beginnen Sie im Juni in flachen Pfannen.

Ich habe vor nicht allzu langer Zeit einen Artikel in einer Zeitung gelesen, in dem geschätzt wurde, dass ein Hektar Brunnenkresse zu den gegenwärtigen Marktpreisen zwischen vierhundert und fünfhundert Dollar pro Jahr einbringen würde.

Brunnenkresse sollte sorgfältig für den Markt vorbereitet werden. Sammeln und bündeln Sie es gleichzeitig, um unnötige Handhabung zu vermeiden.

Schneiden Sie die Stängel nach dem Zusammenbinden der Trauben gleichmäßig ab und packen Sie sie in leichte Kisten, die mit Heu oder Moos ausgekleidet sind. Platzieren Sie die Bündel dicht nebeneinander in Reihen, mit Heu oder Moos dazwischen. Versenden Sie späte Züge, wenn Sie per Express reisen müssen, um zu vermeiden, dass Sie während der Fahrt der Hitze der Sonne ausgesetzt werden. Wenn kleine Mengen an Privatkunden gehen, verpacken Sie sie in Erdbeer- oder Traubenkisten, da die Gefahr einer Erwärmung und des Verderbens der Kresse bei dieser Verpackung geringer ist.

MEINE ERFAHRUNG MIT BIENEN

DER altmodische Bienenstock war so unbequem und verschwenderisch, dass viele Menschen, die ihr Wissen über die Bienenhaltung auf das alte Gehöft zurückführen, kaum glauben können, dass sich die Imkerei in den letzten zwanzig Jahren zu einer praktischen, gewinnbringenden Industrie entwickelt hat Mittlerweile beträgt die durchschnittliche Honigmenge, die jedes Jahr auf den Markt kommt, mehr als hundert Millionen Pfund, was einem Geldwert von acht bis zehn Millionen Dollar entspricht.

An einem günstigen Standort bringt ein Bienenstock mit seiner durchschnittlichen Kolonie von 35.000 Arbeiterinnen und einer Königin 30 bis 40 Pfund auf die Waage, zusätzlich zu den fünfzehn oder zwanzig, die nötig sind, um den Bienenstock über den Winter zu ernähren.

Das bösartige Temperament der alten schwarzen Biene hat viel mit der Vernachlässigung dieser profitablen Industrie zu tun. Die italienischen Bienen eignen sich jedoch so viel besser als Honigsammler, dass sie heute fast überall gehalten werden, und haben ein so sanftes Wesen, dass selbst ein nervöser Mensch leicht lernen kann, sie zu manipulieren, ohne Angst vor Stichen haben zu müssen.

Die wichtigsten Honig produzierenden Pflanzen in unseren östlichen Bundesstaaten sind Obstblüten aller Art, Heuschrecke, Weißklee, Purpurklee, Linde, Sumach, Goldrute, Buchweizen , Sonnenblumen, Weintrauben und Astern. Von diesen stellen Klee, Linde und Buchweizen an den meisten Orten den Großteil unserer Honigernte dar, obwohl auch an anderen Orten häufig hohe Erträge erzielt werden. Die Fruchtblüte bringt zwar viel Honig hervor, kommt aber so früh in der Saison, dass sie größtenteils von den Bienen bei der Brutaufzucht verzehrt wird. Der Klee beginnt Ende Mai, dauert mehrere Wochen und bringt einen hellen Honig mit feinem Geschmack hervor . Linde blüht in der ersten Julihälfte, dauert etwa zehn Tage und produziert einen sehr weißen Honig. Buchweizen blüht im August und in der ersten Septemberhälfte. Es entsteht ein dunkelroter Honig mit kräftigem Geschmack .

Mein Bienenhaus begann mit drei Bienenstöcken, die auf einer Farmauktion für zwei Dollar gekauft wurden. Ich wusste damals nichts über Bienen oder Bienenstöcke; Der Besitzer war nicht da, um befragt zu werden, daher war es ein wirklich riskantes Vorgehen, das nicht zu empfehlen war. Aber wenn der Zufall es ermöglicht, für ein paar Dollar ein oder zwei gute Bienenstöcke mit beweglichem Rahmen und Bienen jeglicher Art zu ergattern, nehmen Sie sie und verbessern Sie den Bestand, indem Sie gute italienische Königinnen einführen, die man dafür kaufen kann zwei Dollar und fünfzig Cent pro

Stück von jedem Bienenhaus. Sie können in kleinen Käfigen per Post verschickt werden.

Wenn im Mai oder Juni eine italienische Königin in einen Bienenstock eingeführt wird, ist im Herbst von den ursprünglichen Bewohnern keine Spur mehr zu sehen. Denn die Arbeitsbienen sind so unermüdliche Arbeiter, dass sie sich während der Blüte meist nach etwa sechs Wochen erschöpfen und mit Sicherheit nie länger als zwölf Wochen überleben. Die Drohnen werden aus dem Bienenstock vertrieben, um zu sterben , wenn eine der verschiedenen Blütenpflanzen, die Honig liefern, zurückgeht. Königinnen leben jahrelang, aber als Bewahrer ihrer Rasse kann man sich nur auf drei Jahre verlassen.

Wenn Ihre unmittelbare Nachbarschaft zunächst keinen Bestand liefern kann, ist es am besten, Rahmen mit Kernen und einer Königin herbeizuschicken. Ein Rahmen würde drei Dollar kosten und enthält kaum genügend Bienen, um ein starkes Volk aufzubauen. Daher ist es besser, drei Rahmen zu schicken, was einen hervorragenden Anfang macht und nur einen Dollar und fünfzig Cent zusätzlich kostet. Wenn sie im Juni oder Juli gekauft werden, haben sie sich bis zur Buchweizenblüte so stark vermehrt, dass Sie eine zweite Kolonie aufbauen können. Natürlich kann man einen Bienenstock voller Bienen kaufen, aber das kostet mindestens zehn Dollar. Expressgebühren wären sehr teuer, da Bienen unter die Kategorie der lebenden Tiere fallen und doppelte Gebühren zu zahlen sind. Die Kernrahmen sind in leichten Koffern verpackt, die weniger als die Hälfte kosten.

Reisenden bei ihrer Ankunft zu empfangen , und auch hier ist es ratsam, Expressgebühren in Betracht zu ziehen. Ein gebrauchsfertiger Bienenstock kostet zwei Dollar und sechzig Cent und fast so viel Versand wie fünf Bienenstöcke „in der Wohnung", wie Händler es nennen, und die fünf Bienenstöcke sind für neun Dollar und fünfundzwanzig Cent zu haben. Nägel in der richtigen Größe und eine ausführliche Anleitung werden mit dem Bienenstock verschickt, so dass selbst eine Amateurin das Zusammensetzen ganz einfach finden wird. Ich verwende zweistöckige, schwalbenschwanzförmige Bienenstöcke, die aus Deckel , Boden, Brutkammer und zwei Aufsätzen bestehen. Bienen werden am besten in einer ruhigen Ecke des Gartens oder unter den Bäumen im Obstgarten gehalten, wo sie vor der Mittagssonne und den Ostwinden geschützt sind. Als wir nur zwei oder drei Bienenstöcke hatten, standen sie auf einem Regal in einem offenen Unterschlupf, der aus einer großen Kiste gefertigt war, die man im Gemischtwarenladen für zwanzig Cent gekauft hatte. Im Winter packten wir Stroh oder Blätter um die Bienenstöcke und stellten davor Bretter auf, die an der Oberseite des Kastens lehnten und ein paar Zentimeter über den Boden hinausragten. Dies sollte Schnee und Regen abhalten und dennoch eine ausreichende Belüftung ermöglichen. Jetzt, da die Bienenstöcke im Obstgarten verstreut sind, stecken wir sie einfach in eine Kiste, die etwas größer ist als sie selbst, und stellen davor ein Brett auf. Weiter südlich ist kein Schutz erforderlich, im Norden empfiehlt es sich jedoch, die Bienenstöcke für den Winter in einen trockenen, gut belüfteten Keller zu bringen. Der einzige Nachteil des letztgenannten Plans besteht darin, dass die Bienen recht früh im Frühjahr unruhig werden können, weshalb der Zustand der Bienenstöcke beobachtet werden sollte.

Ein kleiner Handspiegel, der an die Öffnung des Bienenstocks gehalten wird, und ein Licht, das in der anderen Hand gehalten wird, damit es in den Bienenstock scheint, ermöglichen es Ihnen, zu sehen, was im Inneren vor sich geht. Wenn die Bienen unruhig wirken, ist das ein sicheres Zeichen dafür, dass sie mehr Luft brauchen. Das Öffnen der Kellerfenster nach Einbruch der Dunkelheit in einer gemäßigten Nacht sorgt in der Regel für die nötige Belüftung, bis Mitte oder Ende März die Bienen am besten einen Reinigungsflug machen, wenn sie immer noch unruhig wirken. Wenn nur wenige Bienenstöcke gehalten werden , ist es kein großes Problem , sie an einem warmen Tag hinauszutragen und dort zu platzieren, wo sie letzten Herbst gestanden haben. Dies sollte früh am Morgen und so sorgfältig wie möglich erfolgen, um die Insassen nicht zu stören, die mit zunehmender Sonneneinstrahlung allmählich aufwachen und die Flucht ergreifen. Dadurch wird der Darm von den Abfallstoffen befreit, die seine Unruhe verursacht haben. Nachdem die Sonne am Abend untergegangen ist, tragen Sie die Bienenstöcke zurück in den Keller, und die Bienen werden dort ruhig sein, bis der Frühling so weit fortgeschritten ist, dass es gerechtfertigt ist, sie für die Saison rauszubringen, in der normalerweise Weichahorne und Weiden beginnen, Pollen zu liefern .

Sobald die Tage im Frühling warm sind, gehen wir durch die Bienenstöcke und reinigen sie allgemein. Wenn in einem Bienenstock der Eindruck entsteht, dass es an Honig mangelt, wird eine Wabe aus einem gut versorgten Bienenstock entfernt und ihm gegeben, und da einige Bienen mit Sicherheit im Winter gestorben sind, werden einige Völker stärker sein als andere, also muss es so sein ausgeglichen werden. Wenn ein Bienenstock mehr als fünf mit Brut gefüllte Rahmen hat, werden ein oder zwei herausgenommen und in Bienenstöcke mit weniger als fünf mit Brut gefüllten Rahmen platziert. Ein großer Vorteil des modernen Rahmen-Bienenstocks besteht darin, dass er Brut herausnehmen und einsetzen und später Super- und Leerabschnitte hinzufügen kann, da die ursprünglichen mit Honig gefüllt sind.

Das Leben einer Biene ist offenbar eine äußerst genau geplante Existenz voller zugeteilter Pflichten, die intuitiv verstanden und zielsicher ausgeführt werden. In jeder Kolonie ist nur eine Königin erlaubt, und sie legt alle Eier, wobei die Arbeiterinnen unvollkommen entwickelte Weibchen sind .

Drohnen sind die männlichen Mitglieder der Bevölkerung, faule Kerle, die von den Arbeitern gefüttert werden müssen. Daher werden sie aus dem Bienenstock vertrieben, wenn Nahrung knapp ist.

Die Königin ist wirklich eine königliche Persönlichkeit, die den Bienenstock nur verlässt, um den sogenannten Hochzeitsflug zu unternehmen, wenn sie mitten in der Luft einer Drohne begegnet, und zurückkehrt, um die alleinige Mutter des Bienenstocks zu werden. Sie wird immer von einem kleinen Gefolge von Wärtern bewacht, die sie füttern und pflegen, während sie von Zelle zu Zelle wandert und in jede Zelle mit unermüdlichem Eifer ein Ei legt. Das Ei entwickelt sich zu einem winzigen, larvenartigen Wurm, der von jungen Arbeitern sieben Tage lang gefüttert wird; Dann wird die Zelle von einer weiteren Gruppe von Arbeitern abgedeckt, wobei die Larve elf oder zwölf Tage lang ungestört bleibt. Zu diesem Zeitpunkt hat sie sich zu einer vollwertigen Biene entwickelt, die sich aus der Zelle nagt und sofort aufnimmt die Pflichten des Lebens. Sechs bis sieben Tage lang widmet er sich dem Füttern der frisch geschlüpften Eier, dann etwa ebenso lange dem Bau von Waben und dem Säubern der Bienenstöcke. Danach gilt er offensichtlich als stark genug, um den Bienenstock zu verlassen und mit der anstrengenden Arbeit zu beginnen Aufgabe, Honig zu sammeln. Die Königin ist von jeglicher Arbeit befreit.

Innerhalb von ein oder zwei Wochen, nachdem eine jungfräuliche Königin ihren Hochzeitsflug unternommen hat, sollte der Bienenstock geöffnet und die Rahmen nacheinander entfernt und untersucht werden, bis die Königin gefunden ist. Sie kann von den anderen durch die Länge ihres Körpers und die Art und Weise unterschieden werden, wie sich die anderen Bienen um sie scharen. Heben Sie sie vorsichtig am Rücken hoch, achten Sie dabei darauf, ihren Bauch nicht zu quetschen, und schneiden Sie mit einer scharfen Schere beide Flügel an einer Seite ihres Körpers ab. Dies gewährleistet einen kurzen Flug zur Schwarmzeit. Wenn sie den Bienenstock wieder verlässt, zeigt normalerweise die Aufregung der Bienen an, wann dies geschehen wird, und da die Königin mit ihren abgeschnittenen Flügeln nicht fliegen kann, werden Sie kaum Probleme haben, denn sie wird auf dem Boden gefunden in der Nähe des Bienenstocks, mit einer Gruppe Bienen um sie herum und der volle Schwarm nicht weit entfernt. Gehen Sie sehr leise vor und platzieren Sie eine kleine Drahtfalle über der Königin. Die Fallen werden von allen Bienenzulieferfirmen verkauft und kosten 25 Cent. Platzieren Sie die Falle in der Öffnung des Bienenstocks, die der Schwarm einnehmen soll, nähern Sie sich vorsichtig dem ganzen Schwarm und fegen Sie die Bienen mit einem weichen Besen in den Bienenstock, wenn die Position, die sie einnehmen, dies ermöglicht. Wenn nicht, verwenden Sie eine Kiste oder Pfanne, tragen Sie sie zum Bienenstock und leeren Sie sie vor dem Bienenstock. Sie werden bald damit beginnen, das neue Zuhause zu beziehen. Der Schieber der

Königinnenfalle lässt sich öffnen und die Bienen im Inneren können sich ihrer Arbeit widmen.

Nach dem ersten Schwarm zu Beginn der Saison ist es ratsam, alle möglichen Maßnahmen zu ergreifen, um Nachschwärme zu verhindern. Platzmangel ist die Hauptursache dafür, dass alte Bienen einen Bienenstock verlassen. Daher kann durch sorgfältige Manipulation der Rahmen viel erreicht werden. Der untere Teil des Bienenstocks ist der Brutaufzucht gewidmet; Der andere Teil besteht aus den Rahmen, die die Abschnittskästen halten. Sektionsboxen sind die kleinen quadratischen Kisten, in denen Wabenhonig vermarktet wird.

Zu den modernen Erfindungen in der Imkerei gehört der Wabengrund oder Starter, wie er manchmal genannt wird. Früher mussten Bienen das gesamte Wachs für den Wabenbau liefern. Jetzt wird es mit den fertig angelegten Zellen gekauft, und die Bienen müssen sie nur noch herausziehen und die Arbeit erledigen, was den kleinen Arbeitern natürlich viel Zeit spart und es ihnen ermöglicht, mehr Honig zu lagern. Für die Brutrahmen wird ein sogenanntes Medium-Fundament verwendet, für die Sektionsboxen ein dünnes oder extradünnes Fundament. Bienen ignorieren manchmal zusätzlichen Platz, wenn er über den Rahmen, an denen sie gearbeitet haben, hinzugefügt wird. Daher ist es ratsam, den oberen Rand anzuheben und einen weiteren Platz darunter einzufügen. Durch die Versorgung leerer Abschnitte wird das Schwärmen deutlich abgemildert, aber nicht immer verhindert. Es ist so wichtig, die Nachschwärme zu kontrollieren, da sie von geringem Nutzen sind und selten genügend Vorräte ansammeln können, um sie über den Winter zu halten. Im September sollten alle Bienenstöcke untersucht werden, und wenn einer von ihnen weniger als 25 Pfund Honig enthält, muss auf künstliche Fütterung zurückgegriffen werden. Machen Sie einen Sirup aus gleichen Mengen Zucker und Wasser; Unter ständigem Rühren langsam erhitzen, dabei sehr darauf achten, dass es nicht anbrennt, denn verbrannter Sirup bedeutet Zerstörung für die Bienen. Lassen Sie es abkühlen und füllen Sie dann einen sogenannten Miller-Futterspender, der 35 Cent kostet und in jeden der Bienenstöcke mit beweglichem Rahmen passt.

EIN KELLER-LAGERRAUM

LAGERUNG VON OBST UND GEMÜSE

MINDESTENS die Hälfte des Gewinns, der durch das Leben auf dem Land erzielt werden kann, wird im Winter erzielt, wenn Obst und Gemüse von den Lebenshaltungskosten der Familie gestrichen werden können. Daher sind die Aufbewahrung und Lagerung der Garten- und Obstgartenprodukte für die Hausfrau von großer Bedeutung Wer möchte, dass das Haus mit den laufenden Kosten ausgestattet wird. Um gesund zu bleiben, müssen die Dinge in dem Moment zwischen vollständiger Entwicklung und vollständiger Reife geerntet werden, denn wenn die Entwicklung nicht abgeschlossen ist, schrumpfen und verdorren Obst und Gemüse; wenn sie vollständig ausgereift sind, verfallen sie schnell.

Der Hauskeller, der Dachboden oder ein Wurzelkeller oder eine Grube im Garten stehen auf einem Landgrundstück zur Verfügung und sind alle für verschiedene Zwecke geeignet. Der Keller eignet sich am besten für die Lagerung von Obst und Gemüse. Vor langer Zeit hatten wir Gestelle aus zwei mal zwei Kanthölzern – manche sechs Fuß lang, andere drei Fuß und beide zwei Fuß breit –, die wir unter Fässer und Kisten stellen konnten, um sie vom Boden anzuheben und einen freien Luftstrom zirkulieren zu lassen darunter als Schutz vor Feuchtigkeit und Schimmel. Um Platz zu sparen , hatten wir Kisten mit einer Länge von zehn Fuß und einer Tiefe von zehn Zoll, die in Dreierreihen mit einem Abstand von einem Fuß dazwischen befestigt waren. Die Rahmen, die sie trugen , bestanden ebenfalls aus doppeltem Kanthölzer und reichten von den Dachsparren bis zum Boden.

Die Aufbewahrung von Frühfrüchten wie Johannisbeeren, Erdbeeren und Himbeeren hängt in erster Linie vom Geschick des Kochs ab, denn sie müssen in Dosen abgefüllt und zu Konfitüren und Gelees verarbeitet werden. Gewöhnen Sie sich an, solche Arbeiten in kleinen Mengen zu erledigen – von einem bis sechs Litern oder sogar einem Pint, je nachdem, wie sich die Tagesversammlung ergibt. Die Angewohnheit, auf den Höhepunkt der Saison zu warten, wenn eine große Versammlung möglich ist, ist häufig die Ursache dafür, dass selbstgemachte Konserven verderben, weil einige der Früchte mit ziemlicher Sicherheit überreif sind und das bedeutet, dass es zu Gärung oder Schimmel kommt in kurzer Zeit ein und ruinieren das gesamte Kochen.

Nach dem Auswischen und Beschriften der Gläser müssen diese an einem kühlen, dunklen Ort aufbewahrt werden. Wir haben einen großen Schrank im hinteren Teil des Kelleraußenbereichs, in dem all diese Waren aufbewahrt werden. Beginnen Sie mit Spargel, den Sie am besten in mit Salz und Wasser gefüllte Gläser füllen und anderthalb Stunden im Dampfkessel kochen. Erbsen werden geschält und etwa zwei Liter der Hülsen sowie ein Zweig

Minze werden dreißig Minuten lang in vier Litern Wasser gekocht, dann abgeseiht, das Wasser auf den Siedepunkt gebracht, nach Geschmack gesalzen und die Erbsen darin langsam gekocht für dreißig Minuten. Füllen Sie die Gläser bis zum Überlaufen und verschließen Sie sofort die Deckel. Bohnen müssen aufgereiht, in Scheiben geschnitten und in Salzwasser gekocht werden, wie bei Tisch, oder in 5 cm dicken Schichten mit einer Prise Salz dazwischen in einen Steintopf gepackt werden. Legen Sie einen Teller oder einen Stein auf die Bohnen, damit sie unter der Salzlake bleiben, und decken Sie sie gut ab. Bei Bedarf über Nacht in frischem, kaltem Wasser einweichen und wie gewohnt kochen.

Das Sammeln und Verpacken ist für die Obstaufbewahrung von größter Bedeutung. Der günstigste Zeitpunkt ist, wenn die Frucht ihr volles Wachstum und ihre volle Farbe erreicht hat , also mehrere Tage bevor sie ganz reif ist. Alle Früchte sollten mit größter Sorgfalt behandelt werden; Der kleinste blaue Fleck oder Kratzer löst einen Zustand aus, der zu Fäulnis führt. Eine hohe Schiebeleiter, eine hohe Trittleiter und ein flinker Junge sind die Voraussetzungen zum Pflücken. Wählen Sie nach Möglichkeit einen hellen, kühlen Tag, halten Sie die Kisten und Fässer bereit und nehmen Sie alle Helfer in Betrieb. Bevor Sie jemandem erlauben, Äpfel zu pflücken, bringen Sie ihm bei, wie es geht. Nehmen Sie den Apfel leicht, drehen Sie ihn langsam und drücken Sie ihn nach oben, sodass der Stiel vom Zweig und nicht von der Frucht getrennt wird.

Wer klettert, sollte seine Schuhe ablegen, denn sie neigen dazu, die Rinde des Baumes zu beschädigen, was später immer zu Problemen führt. Ein flacher Beutel, der wie eine Schlinge über den Körper gehängt wird, ist für den Pflücker das beste Behältnis, da er beide Hände frei hat. Die Arbeit wird erheblich erleichtert, wenn zwei Personen die Früchte pflücken, zwei verpacken und eine fünfte Person die Früchte vom Pflücker zum Verpacker bringen kann. Halten Sie für jede pflückende Person zwei Sackschlingen bereit, damit der Sammler den vollen nehmen und einen leeren abgeben kann, was das Entleeren der Früchte in einen Korb erspart.

Die Packer und die Fässer bzw. Kisten sollten Seite an Seite stehen, wobei eine Kiste geeigneter Höhe und Größe auf den Kopf gestellt werden sollte, um als Tisch zu dienen, auf den die Umhängetaschen im gefüllten Zustand gestellt werden können. Die besten Äpfel werden in kleine Schachteln verpackt, zwischen den Lagen liegt Papier. Die zweite Qualität wird in Fässer abgefüllt. Legen Sie eine Schicht Heu auf den Boden des Fasses, füllen Sie es mit den Früchten und schließen Sie es mit einer Schicht Heu ab. Die kleinen können für Apfelwein und als Futtermittel verwendet werden.

Zwiebeln sind zur Ernte bereit, wenn die Spitzen herunterfallen und trocknen. Wählen Sie einen trockenen Tag, um sie auszugraben. Lassen Sie die Zwiebeln mehrere Tage auf dem Boden liegen und tragen Sie sie dann in einen Schuppen, wo sie noch zwei bis drei Tage lang ausgebreitet werden können, während das Abschneiden der Wurzeln und Spitzen abgeschlossen wird. Wir haben einen Raum über dem Holzschuppen, den wir für Zwiebeln nutzen, da sie in einem Keller, der feucht genug ist, um andere Hackfrüchte in gutem Zustand zu halten, zum Keimen neigen. Wir hatten rund um die Wände Reihen von Regalen aus Latten angebracht, auf denen die Zwiebeln ausgebreitet waren, und als Vorsichtsmaßnahme gegen Frost wurden sie mit Tüten oder trockenem Herbstlaub abgedeckt, wenn Unwetter nahten. Bohren Sie Löcher in einem Abstand von etwa neun Zoll in die Seiten der Fässer. Füllen Sie das Ganze mit den Zwiebeln, lassen Sie den Kopf des Fasses frei und stellen Sie es in einen ungenutzten Raum.

Kartoffeln sollten ausgegraben werden, sobald die Spitzen absterben. Wählen Sie einen trockenen, hellen Tag und wagen Sie es sofort zum Trocknen an einen dunklen Ort. Lassen Sie sie nicht im Licht auf dem Feld, sondern streuen Sie sie einige Tage lang aus und verpacken Sie sie dann im Keller in Fässer, in die einige Löcher gebohrt sind, oder in Kisten, deren Boden aus Latten besteht.

Karotten, Rüben und Rüben sollten in Kisten oder auf Kistenregalen verpackt werden. In jedem Fall sollten sie gut mit Sand oder Erde bedeckt sein, um ein Schrumpfen der Wurzeln zu verhindern . Stellen Sie ein paar Bretter an einen sonnigen Ort und stellen Sie den Kürbis und die Kürbisse darauf. Sie sollten dort etwa eine Woche oder zehn Tage bleiben und nachts mit Säcken oder einer alten Decke abgedeckt werden. Anschließend sollten sie an einem trockenen, kühlen Ort aufbewahrt werden.

Blumenkohl wird mit so viel Erde wie möglich an den Wurzeln ausgerissen und kopfüber von der Kellerdecke aufgehängt; Rosenkohl, das Gleiche. Der Kohl wird auf die gleiche Weise ausgerissen und in Zweier- oder Dreierreihen nebeneinander auf dem Kellerboden verpackt. Diese sind für den Einsatz bei sehr schlechtem Wetter vorgesehen. Die Hauptmenge wird in einer Grube im Garten aufgestapelt und mit Erde, Stroh und Gestrüpp abgedeckt.

Sellerie ist zum Teil dadurch geschützt, dass er zum Bleichen in die Erde gestreut wird, so dass er bis zum ersten Oktober oder sogar bis zum fünfzehnten, wenn es mild ist, im Garten bleiben kann, aber er muss vor starkem Frost eingebracht werden. Auf einer Seite des Kellers ist etwa 25 Zentimeter Erde auf dem Boden verteilt. Der Sellerie wird ausgegraben und mit der Erde, die an den Wurzeln haftet, eingebracht und dann in die Erde gesetzt, als ob die Pflanzen wachsen würden, nur dass sie sehr dicht beieinander stehen und etwa zu dritt nebeneinander stehen. Wenn die Reihe fertig ist, werden Bretter über die gesamte Länge der Reihe aufgesetzt und ein weiterer Satz Köpfe auf die gleiche Weise gepackt, wobei jede weitere Reihe durch Bretter unterteilt wird. Dies geschieht, um zu verhindern, dass sich der Sellerie erhitzt und Fäulnis entsteht, was der Fall wäre, wenn man die gesamte Masse berühren würde. Nachdem der Aufbau abgeschlossen ist, wird die Erde dick zwischen den Köpfen verteilt.

Normalerweise sind im Herbst noch große Mengen grüner Tomaten an den Rebstöcken, und die ausgewachsenen Tomaten können in flache Kisten mit Papier dazwischen gepackt und an einem kühlen, dunklen Ort aufbewahrt werden. Später in der Saison bringen Sie jeweils ein paar davon heraus, damit sie am Fenster eines warmen Zimmers reifen können.

Die Trauben müssen sorgfältig geschnitten, die Trauben untersucht und fehlerhafte Trauben mit einer Schere entfernt werden. Legen Sie Lamellen etwa fünf Zentimeter von der Oberseite entfernt über einen Kasten, binden Sie die Weintrauben an die Lamellen und lassen Sie sie in den Kasten hängen, sodass zwischen den Trauben ein Abstand bleibt. Füllen Sie die Schachtel mit fein geschnittenem Seidenpapier und bewahren Sie sie im Regal im Keller auf.

Der Keller zur Lagerung von Obst muss gut belüftet und frei von Feuchtigkeit sein. Ein Zementkeller kann jedoch zu trocken sein, was dazu führt, dass die Früchte schrumpfen. Stellen Sie in einem solchen Fall eine Wanne oder ein paar Eimer Wasser in den Keller und vergessen Sie nicht, das Wasser ein- bis zweimal im Monat zu wechseln. Ein trockener Keller mit einem Erdboden ist in der Regel ausreichend. Wenn es jedoch zu Beginn des Frühlings zu schnellem Tauwetter kommt, ist es wahrscheinlich, dass ein solcher Boden sehr feucht wird. Als Abhilfe stellen Sie ein oder zwei breite, flache Kisten, gefüllt mit ungelöschtem Kalk, in den Keller, der die Feuchtigkeit aufnimmt.

RHABARBER UND SPARGEL FORCIEREN

WIR hatten uns gerade erst auf dem Bauernhof niedergelassen, als ich in einer Bauernzeitung einen Artikel über das Treiben von Rhabarber in einem dunklen Keller las. Es gab viel Rhabarber im Garten und viel Platz im Keller. Mehrere Wurzeln wurden ausgegraben und in einer Ecke des Abschnitts, den wir für Gemüse aufbewahrten, verpackt, aber da in dem Artikel nicht erwähnt wurde, dass jegliche Hitze notwendig sei und dass alles Licht verdrängt werden müsse, war das Unterfangen dort kein Erfolg In der Wand in der Nähe der gewählten Ecke befand sich ein Fenster, durch das das Licht direkt auf die Wurzeln scheinen konnte, und die Temperatur war viel zu kalt. Es gab Dutzende dünner kleiner Stängel mit großen grünen Blättern an ihren Enden, aber nichts, das den Namen Kuchenpflanze verdient hätte .

Vor dem folgenden Winter hatte ich jedoch zunächst technisches Wissen und stellvertretende Erfahrung gesammelt. Das Fenster war mit Brettern vernagelt und in der Nähe der Wurzeln brannten zwei Laternen. Wir aßen Rhabarber-Charlotte und Rhabarber-Pies sowie gedünsteten Rhabarber zum Frühstück, so oft wir wollten, von Dezember bis März, und was noch besser war, wir verkauften es im Wert von zweiundachtzig Dollar.

Nachdem wir den Pilzkeller gebaut hatten, wurde ein Bereich für Rhabarber und Spargel abgetrennt, und beide wurden zu einer gewinnbringenden Ergänzung unseres Wintereinkommens. Ein großer Vorteil dieser beiden Kulturen für den Heimgebrauch besteht darin, dass keine Notwendigkeit besteht, Mist oder große Mengen Feuchtigkeit zu verwenden, und aus diesem Grund gibt es auch keinen unangenehmen Geruch, der in die Wohnräume gelangt.

Wenn große Mengen für den Markt geerntet werden sollen, ist es natürlich besser, einen speziellen Arbeitsraum zu haben, aber auch das erfordert keinen großen Aufwand. Ein Nachbar baute auf einem Hügel hinter seinem Haus ein Haus mit einer Länge von 28 Fuß nach dem Baugrundriss; Er ist nur vorne mit Brettern vernagelt und endet mit groben Platten, was ihn zwei Dollar und fünfzig Cent gekostet hat. Drei Rollen Teerpappe zu je einem Dollar und zehn Cent wurden verwendet, um Licht und Zugluft zu verhindern. Das Ofenrohr kostete weitere zwei Dollar. Er hatte einen alten Ofen, aber selbst wenn er einen hätte kaufen müssen, hätte es nur weitere acht oder zehn Dollar gekostet, und die erste Ernte brachte ihm einhundertdreißig Dollar ein.

Um einen Bauernhof herum gibt es oft ein altes Gebäude, das für diese Arbeiten genutzt werden kann. Wenn jedoch kein Hang oder Gebäude zur Verfügung steht, ist es besser, bis zu einer Tiefe von drei Fuß auszuheben, sodass das Haus etwa neun Fuß breit und genauso lang ist du magst. Dies ermöglicht einen 60 cm langen Weg durch die Mitte und etwas mehr als 90 cm auf jeder Seite, in dem die Wurzeln aufbewahrt werden können. Die Seitenwände müssen sich nur 30 cm über dem Boden befinden, am besten ist es jedoch, ein Spitzdach zu haben, dessen Mitte sich 90 cm über dem Boden befindet, damit in der Mitte des Hauses genügend Kopffreiheit vorhanden ist .

Platzieren Sie an einem Ende eine Tür mit einem Anbauschuppen und einer Sturmtür dahinter, es sei denn, das Haus kann neben einem Schuppen oder Nebengebäude gebaut werden, in das sich die Tür öffnen lässt. Decken Sie die Enden und das Dach mit Teerpappe ab und stützen Sie die Seiten mit Erde ab. Machen Sie dann in der Mitte des Hauses eine Grube, etwa zwei Fuß unter dem Boden und groß genug, um einen Ofen hineinzustellen, und verlegen Sie das Rohr von einem Doppelbogen zu jedem Ende des Hauses.

Der Grund für die Erstellung der Grube für den Ofen besteht darin, das Rohr so nah wie möglich am Boden zu platzieren. Auf den Ofen kann man zwar verzichten, wenn der Boden des Hauses mit Mist bedeckt ist und an den Seiten des Hauses ein ordentlicher Vorrat vorhanden ist, aber da das teurer und viel aufwändiger wäre, rate ich Ihnen, auf den Ofen umzusteigen Plan, vor allem weil er keine der erschütternden Feinheiten beinhaltet, die normalerweise mit dem Betrieb von Treibhausheizgeräten verbunden sind, da es keine Wasserleitungen gibt, die einfrieren oder die Ernte beschädigen könnten, wenn das Feuer erlischt oder sogar ganz erlischt. Mein Nachbar , der das Haus auf dem Seitenhügel gebaut hat, erzählt mir, dass er zunächst keinen Kohleofen hatte und den Petroleumkochherd aus seiner Sommerküche benutzte.

Nachdem entschieden wurde, wo und in welcher Menge im nächsten Winter geerntet werden soll, muss sofort mit den Vorarbeiten begonnen werden. Wenn Sie viele alte Wurzeln im Garten haben, graben Sie die größere Anzahl aus, sobald es möglich ist, einen Spaten in die Erde zu stecken, und schneiden Sie die Wurzeln in große Stücke, wobei Sie darauf achten sollten, dass zwei bis vier übrig bleiben Augen (Embryoknospen, die unverkennbar sind) in jedem Klumpen.

Wenn Sie einen Streifen Land haben, auf dem letztes Jahr Mais oder Kartoffeln angebaut wurden, streuen Sie Stallmist darüber. Wenn es sich um schweren Lehm handelt, pflügen Sie tief, aber wenn es sich um leichten Sandboden handelt, müssen die Furchen nicht tiefer als 15 cm sein, und zusätzlich zum Stalldünger empfiehlt es sich, eine starke Beizung aus Holzasche zu verwenden. Wir verteilen den Stallmist vor dem Pflügen etwa sieben Zentimeter tief auf der gesamten Bodenoberfläche, verteilen dann die

Asche, eggen auf und ab, lassen ihn etwa zwei Wochen lang stehen und eggen dann von einer Seite zur anderen.

Wenn der Boden in gutem Zustand ist, muss er in Reihen mit einem Abstand von etwa 1,20 m abgegrenzt werden. Fahren Sie mit dem Pflug zweimal in derselben Furche, und der Graben ist tief genug, um noch etwas Mist ausstreuen zu können. Anschließend wird er leicht mit Erde bedeckt, bevor die Pflanzen gepflanzt werden. Stellen Sie sie in einem Abstand von einem Meter auf. Den ganzen Sommer über gut kultivieren, um sauber zu bleiben und das Wachstum zu fördern.

Schneiden Sie eventuell erscheinende Blütenstiele ab, da eine einzige Blütenstiele der Wurzel mehr Kraft entzieht als zwanzig Fruchtstiele. Sie sollten daher nie reifen dürfen, nicht einmal in gewöhnlichen Gartenbeeten.

nach der Erntezeit ab und zu mit einer guten Düngerdüngung in den Boden eingearbeitet werden , damit sie in einem guten Zustand sind und im Dezember in den Keller gebracht werden können.

Wenn die alten Klumpen im April geteilt und ausgepflanzt wurden, sind sie groß und stark genug, um im darauffolgenden Dezember zum Treiben verwendet zu werden. Wenn jedoch junge Baumschulpflanzen gekauft werden müssen, ist es besser, das Treiben auf den zweiten Winter zu verschieben.

Ungefähr am 15. November graben wir die Wurzeln aus und lassen sie einfrieren; dann, etwa am 1. Dezember, oder sogar etwas früher, wenn die Nächte frostig waren, wird die eine Hälfte der Wurzeln in einem Schuppen aufgestapelt und die andere Hälfte auf den Erdboden des Treibhauses gepackt. Ein wenig Erde wird zwischen sie gestreut und dann werden sie mit Wasser besprengt, in dem Salpeternatron aufgelöst wurde, eine Unze davon auf eine Gallone Wasser.

Der Ofen wird in Gang gesetzt, ein Waschkessel mit Wasser aufgesetzt, und dann besteht die Arbeit einfach darin, den Ofen herunterzuschütteln, einen halben Eimer Kohle aufzustellen und den Kessel nachts und morgens aufzufüllen.

In drei bis vier Wochen findet die erste Sammlung statt. Die Stängel sollten zwischen 30 und 45 cm hoch sein, und in der Regel sind es vier in einem Bündel. Die Wurzeln liefern drei bis vier Wochen lang gute Erträge, das Sammeln sollte jedoch eingestellt werden, wenn die Ernte Anzeichen eines Rückgangs zeigt.

Wenn Sie entscheiden, dass die Wurzeln nicht mehr tragen sollen, lassen Sie das Feuer erlöschen. Drei bis vier Tage später können die Wurzeln entfernt und in einem Schuppen aufgeschichtet werden, und die ruhenden Wurzeln werden eingebracht und auf dem Kellerboden ausgebreitet . Gehen Sie wie bei der ersten Partie vor und lassen Sie am Ende der Saison einfach das Feuer wieder aus und warten Sie, bis das Wetter eine Aussaat im Freien zulässt. Teilen Sie die Wurzeln dann je nach Größe in zwei oder drei Stücke und pflanzen Sie sie wie zuvor in Reihen. Im zweiten Winter sind sie wieder für den Treibanbau bereit, so dass das Angebot nach dem Beginn immer größer wird.

Spargel kann auch auf die gleiche Weise wie Rhabarber gezüchtet werden. Der einzige Unterschied besteht darin, dass sich die Spargelwurzeln nicht gut teilen lassen. Daher muss jedes Jahr Saatgut ausgesät werden, um einen Vorrat für das Treiben aufrechtzuerhalten. Pflanzen können erst ab der dritten Saison verwendet werden und eine Neupflanzung zum Treiben dürfte sich nicht lohnen.

Spargel kann auch forciert werden, indem man Treibbeetrahmen und -schärpen über den Pflanzen platziert und die Rahmen rundherum mit Stallmist aufschüttet, um Wärme zu erzeugen. Diese Methode beschleunigt die Ernte nur geringfügig. Nichts ist so zufriedenstellend und ertragreich wie das dunkle Haus oder der dunkle Keller, da das Züchten von Wurzeln aus Samen verhältnismäßig wenig Mühe bereitet, und wenn die Versorgung erst einmal begonnen hat, ist es ein Leichtes, eine Reihe drei Jahre alter Wurzeln aufrechtzuerhalten. Sie können im ersten Jahr Zeit sparen, indem Sie ein- oder zweijährige Pflanzen in einer Gärtnerei kaufen, sie im Garten pflanzen und im folgenden Jahr zum Treiben verwenden.

Schweinezucht

EIN LANDHAUS , das groß genug ist, um eine Kuh zu ernähren, sollte auf jeden Fall ein Schwein halten, wenn der Betrieb profitabel sein soll, denn Magermilch, Buttermilch und Abfallgemüse können nicht zufriedenstellend entsorgt werden, es sei denn, es gibt ein Schwein, das sie verzehrt . Bauen Sie zuerst den Stall . Unseres ist nach dem englischen Plan gebaut, ein Schlafabteil von sechs Fuß im Quadrat, fünf Fuß hoch vorne und drei Fuß hinten. Äußeres Fach gleicher Größe, mit 90 cm hohen Wänden und leicht nach vorne geneigtem Boden. In jeder Ecke des offenen Fachs befindet sich eine Mulde. Der Boden des Schlafzimmers ist sechs Zoll höher als das Außenabteil, und das gesamte Gebäude besteht bis auf das Dach aus Beton und kann daher leicht und gründlich gereinigt werden.

Sollen mehrere Sauen gehalten werden, muss jede einen Stall haben , für Jungvieh sollten ein oder zwei große vorhanden sein. Der Schweinestall sollte so weit wie möglich vom Haus und der Wasserversorgung entfernt sein.

Wenn die Mittel sehr sorgfältig verteilt werden müssen, beginnen Sie mit einem Paar Jungtiere, die normalerweise im Frühjahr in jedem landwirtschaftlichen Bezirk für etwa sechs Dollar pro Paar im Alter von sechs Wochen gekauft werden können. Sie benötigen zunächst etwas zusätzliche Pflege, ein warmes Bett aus Heu oder trockenem Laub über Stroh. Es ist ratsam, sie während der Fütterungszeit zu beobachten, um sicherzustellen, dass sie fressen. In der ersten Woche kochen Sie einen Liter Weizenkleie, zerstoßenes Haferflockenmehl (geschälter Hafer sehr grob gemahlen), grobes Maismehl und weiße Mittel sowie zwölf Liter Wasser eine halbe Stunde lang. Lassen Sie es kalt stehen und fügen Sie dann so viel Magermilch hinzu, dass ein ziemlich dicker Brei entsteht. Geben Sie zwei Schweinen dreimal täglich vier Liter. Gewöhnen Sie sie nach und nach an Gemüse. Als Außenblätter von Kohl, Salat und anderem Gemüse können Kartoffelschalen und Erbsenschoten verwendet werden . Kochen, bis sie weich sind, etwas Kleie oder Haferflocken untermischen und einmal täglich füttern. Reduzieren Sie nach einer Woche oder zehn Tagen schrittweise den Futterbrei und ersetzen Sie das Futter durch normales Futter. Bedenken Sie dabei immer, dass der Rahmen aufgebaut werden muss, bevor mit der Mast begonnen wird.

Wenn genügend Geld in der Kasse vorhanden ist, kann durch den Kauf einer ausgewachsenen Sau, die im April abferkeln soll, Zeit gespart werden. Wählen Sie bei Ihrer Auswahl ein ruhig aussehendes Tier, das den Ruf hat, eine gute Mutter zu sein. Ein bösartiges, schlecht gelauntes Schwein ist eine Bedrohung für den heimischen Bauernhof. Darüber hinaus ist die bösartige Sau im Allgemeinen eine schlechte Mutter. Wahrscheinlich ist kein Tier von der Behandlung, die es in jungen Jahren erhält, leichter betroffen als ein Schwein. Wenn sie freundlich behandelt werden, werden sie zu gefügigen, sanften Geschöpfen; wenn es missbraucht wird, mürrisch und gefährlich. Aus diesem Grund ist es für den Amateur vielleicht besser, mit zwei kleinen Sauen oder einer alten Sau zu beginnen. Angenommen, Sie haben nach der Zucht eine Sau gekauft; Sie können in sechzehn Wochen mit Nachwuchs rechnen. Ihr Wurf kann aus einer beliebigen Anzahl von sechs bis vierzehn Tieren bestehen . Geben Sie ihr bis ein paar Tage vor ihrem Geburtstermin ausreichend Bewegung und beschränken Sie dann die Reichweite auf ihren eigenen Stall .

Aus Sicherheitsgründen empfiehlt es sich, einen kotflügelähnlichen Rahmen zu bauen, der etwa 15 cm über dem Boden und in gleicher Höhe von den Seitenwänden steht. Wenn Frau Mutter dann unvorsichtig genug ist, sich umzudrehen, kann jedes Baby, das Gefahr läuft, eingequetscht zu werden, unter dem Kotflügel entkommen. Wir verwendeten einige alte Zaunlatten aus Eichenholz, schnitten sie so zu, dass sie genau von Wand zu Wand passten, und bohrten von jedem Ende sieben Zoll große Bohrlöcher. Durch die Ecken wurden starke Bolzen und Muttern gesteckt, und es wurden sechs Zoll große Holzblöcke platziert, auf denen es ruhte. Da sie zusammengeschraubt sind, können sie leicht auseinander genommen und in die Ställe hinein- und herausgenommen werden, da sie nicht mehr benötigt werden, wenn die Kleinen ein paar Tage alt sind.

Lassen Sie das Schlafabteil vier oder fünf Tage vor der erwarteten Einstreu gründlich ausräumen und mit Stroh bedecken und den Kotflügel anbringen. Stören Sie es danach nicht mehr, bis die Tiere vier oder fünf Tage alt sind. Geben Sie in der letzten Woche eine kleine Menge sauberes Stroh in das Außenfach. Lassen Sie etwa einen Monat vor dem Abferkelzeitpunkt Kleie und Haferflocken in der Ration der Sau vorherrschen und fügen Sie etwas Leinsamenmehl hinzu. Sie sollte in voller Vitalität gehalten werden, darf aber nicht dick werden, weshalb Mais am besten aus ihrer Nahrung gestrichen wird. Nachdem der Wurf angekommen ist, geben Sie ihm 24 Stunden lang nichts Schwereres als etwas Kleiebrei. Zwei oder drei Tage lang leicht füttern, dann steigern und ihr so viel geben, wie sie möchte; Am Ende der zehn Tage beginnen Sie, Maismehl in begrenzten Mengen und irgendeine Art von Grünfutter hinzuzufügen, es sei denn, das Wetter ist so, dass die Familie auf die Weide gehen kann. Im Außenabteil sollte eine kleine Öffnung vorhanden sein, die groß genug ist, damit die Kleinen hindurchkriechen können, und es sollte sich außerhalb eines eingezäunten Hofes befinden, in dem es keine Tränke gibt. Wenn die Babys zwei Wochen alt sind, geben Sie ihnen etwas Getreide. Sie werden bald lernen, sich selbst zu helfen und so die Probleme beim Abstillen zu reduzieren. Wir nehmen die Mutter mit, wenn sie sechs oder sieben Wochen alt ist, und lassen sie bis kurz vor der Abferkelzeit mit der Herde laufen. Wenn ein Eber gehalten wird, sollte er über einen eigenen Stall und einen separaten Hof verfügen. Sein Essen sollte gut, aber nicht zu dick sein. Das beste Alter liegt zwischen einem und fünf Jahren.

Um Schweine erfolgreich auf dem heimischen Bauernhof zu halten, müssen Sie sich von der Vorstellung verabschieden, dass es sich bei ihnen um von Natur aus schmutzige Lebewesen handelt, denn das sind sie in Wirklichkeit nicht. Mit sauberen Unterkünften, einem Bach zum Baden und gesundem Futter haben sie genauso viel Selbstachtung wie jedes andere Tier auf dem Bauernhof. Wenn es in der Nähe der Weide weder einen Bach noch eine Quelle gibt, sollte ein großes Stück Grasnarbe entfernt und die Mulde mit Wasser gefüllt werden. Lassen Sie es nach ein paar Wochen trocknen und machen Sie ein neues Bad.

Achten Sie darauf, dass keine schrecklichen, halb schimmeligen Schnapsfässer in der Nähe stehen. Essensreste, mit Ausnahme von Fleisch, Gemüseschalen, kleinen Kartoffeln, Äpfeln, eigentlich alle unverkäuflichen Gemüsesorten, werden im Lebensmittelkocher mit etwa der gleichen Menge Salz gekocht, die wir zum Kochen für den Tisch verwenden sollten. Wenn alles weich ist, werden Kleie, zerkleinerter Hafer, kurze oder mittlere Haferflocken zu einem dicken Brei verrührt, das Ganze gut abgedeckt und bis zum Erkalten stehen gelassen. Manchmal werden Maisstängel auf die gleiche Weise gehackt und gekocht. Wenn ein Futterkocher verwendet wird, ist die Zubereitung des Futters sehr einfach und geht mit Sicherheit weiter als bei ungekochtem Futter. Jedes Tier hat eine eimerweise Nacht und einen Morgen. Magermilch und Buttermilch, wenn etwas übrig ist, und eine Gabel voll Silage im Winter, wenn es keine Weide gibt. In einem der Zementtröge steht ständig Wasser vor ihnen, in das zweimal pro Woche ein Eimer Kohlenasche gegeben wird, um die Verdauung zu unterstützen, und einmal pro Woche wird dem Futter eine Unze Schwefel und Holzkohle hinzugefügt . Wenn Schweine etwa hundert Pfund wiegen, kann Mais an die Stelle ihres Getreides treten, denn von da an ist die Mast das einzige Ziel und Ziel der Bewirtschaftung. Das fleischige, kleine oder mittlere Schwein, das zwischen 250 und 300 Pfund wiegt, erzielt heutzutage auf den östlichen Märkten einen besseren Preis als das große Fettschwein, so dass die Erträge schneller erzielt werden und es sich lohnt, sie mit dem zu erzwingen das beste Essen. Sollte eine Sau Ende November abferkeln, ist es profitabler, die Kleinen als Spanferkel zu vermarkten, als zu versuchen, sie durch die Kälte im Januar und Februar zu halten. Schinken und Speck gehören in ländlichen Haushalten zwangsläufig zu den Grundnahrungsmitteln und sind, wenn sie selbst gepökelt werden, ein wahrer Luxus. Sobald das Fleisch abgekühlt ist, muss es gepökelt werden, denn wenn es gefroren ist, ist es unmöglich, daraus guten Schinken und Speck zu machen. Zucker und Wiltshire sind die beiden bevorzugten Methoden. Auf dem Markt gibt es eine kleine Handmaschine, die speziell zum Injizieren der Flüssigkeit für die Wiltshire-Methode hergestellt wurde. Den positiven Preis kenne ich nicht, aber ich glaube, er liegt bei etwa zehn Dollar. Allerdings habe ich eine weiße Metallspritze verwendet, die 36 Unzen fasst und für die kleine Menge, die ich aufnehme, sehr gut funktioniert. Der in einer alten englischen Quittung angegebene Vorgang ist wie folgt: Fügen Sie zu fünf Gallonen Wasser zwölf Pfund Salz, ein Pfund Salpeter, eine Unze Salz Prunella und zwei Pfund braunen Zucker hinzu. Langsam zum Sieden bringen, 15 Minuten köcheln lassen, abschöpfen; Wenn es abgekühlt ist, kann es in der Injektionsmaschine oder Spritze verwendet werden. Führen Sie die Spritze in das Fleisch ein und injizieren Sie die Gurke. Dies muss alle paar Zentimeter auf der gesamten Fleischoberfläche erfolgen, um sicherzustellen, dass das gesamte Stück von der Flüssigkeit durchdrungen ist. Legen Sie das Fleisch auf die Platte, bestäuben Sie es mit Salpeter, legen Sie es mit der Schwartenseite nach unten und bedecken Sie die Schnittseite mit einer dicken Salzschicht. Die Arbeiten sollten auf einer Steinplatte oder einer Hartholzbank mit erhöhten Kanten durchgeführt werden. Lassen Sie das Fleisch fünfzehn Tage ruhen und würzen Sie es mit frischem Salz. Nach weiteren sieben Tagen waschen Sie das Fleisch mit sauberen Tüchern und hängen es vor dem Räuchern mehrere Tage lang zum Trocknen auf. Die trockene, mit Zucker gepökelte Methode ist meiner Meinung nach in diesem Land vorzuziehen, da sie allgemeiner beliebt ist. Legen Sie die Schinken und Beilagen auf eine Platte und gehen Sie wie folgt vor: Mischen Sie fünf Pfund Salz mit drei Pfund braunem Zucker und zwei Unzen Salpeter. Reiben Sie alle Teile des Fleisches drei Wochen lang jeden dritten Tag gründlich ein, waschen Sie es anschließend, wischen Sie es ab und trocknen Sie es zum Räuchern. Natürlich wissen Sie, dass für das Feuer nur Hartholz verwendet werden darf. Grünes Hickory ist das Beste. Würste sollten zu einem Drittel aus altbackenem, geriebenem Brot bestehen. Verwenden Sie niemals neues oder angefeuchtetes Brot. Da die Hüllen nur fünf Cent pro Pfund kosten, ist es besser, sie bereits vorbereitet zu kaufen. Eine gute Mischung besteht aus fünf Teilen magerem Schweinefleisch, einem Teil Fett und zwei Teilen Kalb- oder Hammelfleisch. Durch die Hackmaschine geben und dann zu je acht Pfund einen Teelöffel getrockneten und fein pulverisierten Salbei, Thymian und Majoran sowie je zwei Teelöffel Senf, Pfeffer und Salz hinzufügen. Zuletzt die Semmelbrösel dazugeben, gründlich vermischen und in die Hüllen füllen. Machen Sie kurze, fette Links.

PFLEGE VON HAUSTIEREN

ALLER Wahrscheinlichkeit nach leidet kein Lebewesen auf der Erde so sehr unter menschlicher Unwissenheit wie das Haustier. Menschen, die Pferde, Rinder oder sogar Geflügel halten, halten es für notwendig, etwas über ihre Bedürfnisse und Bedürfnisse zu wissen, aber das arme Haustier ist der Empfänger großer Zuneigung und vieler Grausamkeiten, denn es ist grausam, seine Gesundheit und Vitalität durch unüberlegte Fütterung zu ruinieren und Glück durch Mangel an Bewegung. Ein gesunder, glücklicher Hund oder eine gesunde Katze ist der beste Spielgefährte, den Kinder haben können; Ein unterhaltsamer Begleiter für jedes Mitglied der Menschheit, aber ein krankes, ungesundes Tier ist eine echte Bedrohung für die Familie.

Der junge Hund, der gerade von seiner Mutter getrennt wurde, benötigt besondere Pflege und geduldige Schulung, sonst entwickelt er sich nicht zu einem intelligenten Begleiter. Selbst ein älterer Hund, der aus renommierten Zwingern stammt, erfordert eine sorgfältige Führung. Natürlich beziehe ich mich auf den allgemeinen Haushund; Jagdhunde werden in der Regel vor dem Verkauf an ihre besonderen Aufgaben herangeführt. Aber der Haus- oder Haushund muss eine Vielzahl von Dingen verstehen, die alle je nach den Eigenheiten der Familie, die ihn adoptiert, variieren, sodass er seine Gewohnheiten an neue Besitzer und die neue Umgebung anpassen muss.

Halten Sie einen Zwinger bereit, bevor der Hund ankommt. Eine mit Dachpappe abgedeckte Trockenwarenkiste reicht aus, wenn an ihrem Boden zwei schwere Kanthölzer festgenagelt sind, um sie drei bis vier Zoll über den Boden zu heben, so dass die Luft darunter zirkulieren und Feuchtigkeit vom Boden fernhalten kann den Boden feucht machen. Stellen Sie es an einem geschützten Ort auf, geschützt vor Winterwinden und der grellen Sommersonne. Ein gutes Strohbett jede Woche bei kaltem Wetter und gründliches Schrubben bei warmem Wetter sind hygienische Vorsichtsmaßnahmen, die beachtet werden sollten. An einer Seite der Hundehütte befindet sich eine starke Schrauböse und an jedem Ende eine Kette mit einem Drehverschluss, um zu verhindern, dass sich die Kette bis zur Hälfte ihrer Länge verdreht, und um den Umgang mit einem fremden Hund zu erleichtern.

Wenn der Hund in die Kiste gebracht und abgepumpt wurde, denken Sie daran, dass das arme Tier aller Wahrscheinlichkeit nach verängstigt, müde und verärgert sein wird. Sprechen Sie eine Weile mit ihm und schaffen Sie es, wenn möglich, ihm ein Halsband anzulegen und eine Kette anzubringen, bevor Sie die Kiste öffnen. Dann lassen Sie Mr. Dog alleine und zu seiner Zeit raus. Gehen Sie einige Zeit mit ihm herum und lassen Sie ihn die Räumlichkeiten in der Nähe des Hauses inspizieren. Natürlich brauchen

Hunde die Bewegung, also schränken Sie sie nicht ein. Bei Anzeichen einer Verstopfung hilft in der Regel ein Gericht mit Sauermilch, das Problem zu beheben. Sollte die Reise jedoch den gegenteiligen Effekt haben, was im Sommer sehr wahrscheinlich der Fall ist, überbrühen Sie die Milch, gießen Sie etwas altbackenes, geröstetes Brot darüber und servieren Sie es, wenn es ganz abgekühlt ist.

Wenn der Hund mit der Inspektion des Geländes fertig ist, befestigen Sie ihn am Zwinger und stellen Sie sicher, dass er eine stabile, schwere Wasserschale bereitstellt, die nicht leicht umgestoßen werden kann . Lassen Sie ihn sich an sein neues Zuhause gewöhnen und die nervöse Anspannung der Reise ausschlafen. Sollte er jammern oder bellen, kommen Sie nicht in seine Nähe. Er ist zu aufgeregt und verärgert, um diszipliniert werden zu können, und Sympathie und Streicheleinheiten zu diesem Zeitpunkt würden später einen längeren Kampf bedeuten.

Füttern Sie ihn selbst und gehen Sie abends, frühmorgens und mittags mit ihm an der Kette spazieren . Entscheiden Sie, welche Zeiten am günstigsten sind, und versuchen Sie, diese nicht zu ändern. Normalerweise genügen zwei oder drei Tage, um einen durchschnittlichen Hund dazu zu bringen, einen neuen Herrn zu akzeptieren und den Zwinger als sein Schloss zu beanspruchen, sodass ihm nach dieser Zeit die Freiheit gewährt werden kann.

Wenn der Hund jung ist und im Freien schlafen soll, sollte er nachts angekettet werden, sonst neigt er dazu, in den frühen Morgenstunden oder Mondnächten davonzulaufen, was jedoch kein Hund, egal ob jung oder alt, tun sollte ständig angekettet bleiben. Junge Hunde, insbesondere Terrier, profitieren davon, wenn sie mitten am Tag an einem kühlen, schattigen Ort angekettet werden, da sie dazu neigen, herumzurennen und von der Hitze überwältigt zu werden, was oft zu Anfällen führt und die Familie in Angst und Schrecken versetzt Ich glaube, dass es sich um Hydrophobie handelt.

Wenn der neue Hund jünger als neun Monate ist, füttern Sie ihn dreimal täglich. Brot und Milch, Haferflocken, Hominy oder ähnliche Lebensmittel, die gut gekocht, abgekühlt und mit Milch bedeckt sind, ergeben ein geeignetes Frühstück. Das Mittagessen kann aus einem halben Welpenkuchen oder einer Scheibe Schwarzbrot bestehen. Die Hauptmahlzeit sollte aus gekochtem Fleisch, Zwiebeln und Reis bestehen, gemischt mit etwas gekochtem grünem Gemüse.

Ab dem neunten Monat genügen zwei Mahlzeiten am Tag. Achten Sie darauf, nicht zu viel zu füttern, und nicht zu wenig zu füttern. Ein Hund sollte für jede Mahlzeit bereit sein, aber niemals hungrig sein. Geben Sie keine unverbrühte Milch oder Kartoffeln in irgendeiner Form, wenn Sie den Welpen frei von Würmern halten möchten. Ein- bis zweimal wöchentlich

Sauermilch ist von Vorteil, darf aber nicht häufiger verabreicht werden. Zweimal pro Woche wird ein Knochen mit etwas Fleisch darauf benötigt. Manche Leute denken, dass rohes Fleisch schlecht für Hunde ist, aber für heranwachsende Hunde ist eine begrenzte Menge an frischem, magerem Fleisch wirklich notwendig, und da es am Knochen liegt, muss viel geknabbert werden, was gut für die Zähne ist und den Speichelfluss fördert fördert die Verdauung.

Wenn Sie eine Hündin mit Welpen haben, geben Sie ihr einen großen Schlafplatz; im Winter trocken und angenehm warm, im Sommer trocken und kühl. Welpen sollten so früh wie möglich nach der sechsten Lebenswoche das Trinken beigebracht werden. Kondensmilch erspart das lästige Überbrühen von Kuhmilch. Was auch immer verwendet wird, sollte warm gegeben werden; niemals heiß oder kalt. Die Welpen lernen schneller zu fressen, wenn die Mutter etwa eine Stunde weg ist, bevor sie ihr Futter anbietet. Erhöhen Sie die Dauer ihrer Abwesenheit schrittweise , bis sie nur noch die Nächte mit ihren Babys verbringt und die Entwöhnung problemlos gelingt.

drei oder vier Wochen vor der Geburt der Babys eine Dosis Wurmmittel und verabreichen Sie den Babys im Alter von drei Wochen, sechs Wochen und neun Wochen sehr kleine Dosen Wochen alt. Danach bin ich auf Sauermilch und gelegentlich eine Dosis Rizinusöl angewiesen.

Sobald die Welpen anfangen, herumzulaufen, sollte mit dem Einbruch begonnen werden. Lassen Sie einen Welpen niemals allein im Zimmer, denn ein Fehler provoziert andere. Seien Sie wachsam, und sobald ein Welpe anfängt, herumzuzappeln oder herumzulaufen, legen Sie ihn nach draußen oder in eine Kiste mit Sägemehl. Zunächst sind Geduld und Durchhaltevermögen erforderlich, aber in zwei bis drei Wochen wird die Lektion perfekt gelernt sein, insbesondere wenn die Auslaufzeiten der Hunde genau eingehalten werden.

Älteren Hunden, deren Erziehung in dieser Hinsicht vernachlässigt wurde, können ordentliche Gewohnheiten beigebracht werden, wenn sie zu regelmäßigen Zeiten gefüttert werden, wobei die letzte Mahlzeit nicht später als drei Uhr nachmittags ist und die Abendübung auf etwa acht Uhr verschoben wird, danach sollten sie es tun Sie müssen mit einer Kette, die nicht länger als zwei Fuß ist, an der Kiste oder dem Korb befestigt werden, die als Bett dient. Frühmorgens loslassen und sofort herausnehmen. Sie werden die Disziplin erzwungener Stunden bald verstehen, denn die Nähe ihres Bettes ruft ihren natürlichen Instinkt zu Hilfe. Sobald sich die Gewohnheit gebildet hat, wird sie sich durchsetzen, wenn man in jedem Teil des Hauses schlafen darf.

Ich halte nichts davon, Hunde jeder Art und Größe zu baden, denn dadurch wird der Haut das natürliche Öl entzogen, das sie benötigt, um das Haar zu nähren und in gutem Zustand zu halten. Das Bürsten ist jedoch durchaus notwendig, besonders im Sommer, wenn Flöhe in der Nähe sind, und es ist gut, früh in der Saison damit zu beginnen, etwas gutes Insektenpulver in das Haar einzureiben und es dann nach etwa einer halben Stunde gründlich auszubürsten .

Bei empfindlichen kleinen Hunden mit langen Haaren kann man einmal pro Woche eine Mischung aus Kokosnuss- und Süßmandelöl ins Haar einmassieren und wieder ausbürsten.

Wenn ein Unfall das Waschen unvermeidlich macht, stellen Sie den Hund in eine kleine Wanne, die zur Hälfte mit warmem Wasser gefüllt ist, reiben Sie eine Fleischbürste mit weißer Seife ein und bürsten Sie ihn von der Mitte des Rückens mit geraden Strichen bis zu den Haarspitzen auf jeder Seite. Nehmen Sie die Vorderpfoten in die linke Hand, lassen Sie den Hund auf den Hinterbeinen stehen und bürsten Sie vom Hals abwärts, um den unteren Teil des Körpers zu reinigen. Der Kopf sollte zuletzt kommen. Waschen Sie zuerst die Ohren und achten Sie darauf, dass kein Wasser hineinläuft. Halten Sie die Nase hoch und waschen Sie den Oberkopf und die Seiten des Gesichts, sodass das Wasser nach hinten und nicht in die Augen läuft. Waschen Sie zum Schluss die Schnauze und achten Sie dabei sehr auf die Seife. Spülen Sie es mit zwei klaren Wassern ab, wickeln Sie dann den Körper in ein warmes Handtuch und wischen Sie dabei das Gesicht und die Innenseite der Ohren ab.

Wenn es etwa zur Hälfte trocken ist, schütteln Sie es aus, aber achten Sie darauf, dass es nicht unter einem Möbelstück entkommt und sich rollt, was er wahrscheinlich versuchen wird. Bürsten Sie, bis es ganz trocken ist, und reiben Sie am Ende des Dressings etwas Öl auf die Borsten.

Behandeln Sie Ihren Hund jeden Alters mit Rücksichtnahme. Seien Sie geduldig und rücksichtsvoll und bedenken Sie, dass Sie durch Zuneigung und Respekt herrschen müssen. Machen Sie sich keine Sorgen und machen Sie sich nicht die ganze Zeit Sorgen. Seien Sie sowohl Spielgefährte als auch Herr Ihres Hundes, und er wird bald zu einem intelligenten und treuen Beschützer werden.

Katzen können problemloser in einem Stadthaus gehalten werden als Hunde, da sie nicht zum Auslauf mitgenommen werden müssen, eine Pflicht, der Sie sich bei Mr. Dog nicht entziehen können. Katzen werden in Vorstadt- oder Landhäusern mindestens genauso benötigt wie Hunde. Der Hausherr kann sich in der Regel vor Einbrechern schützen, die selten anzutreffen sind, aber keine menschliche Wachsamkeit ist geschickt genug, um vierbeinige Vorratsdiebe zu bekämpfen, und auf einem Bauernhof muss es einen großen

Katzenstamm geben, um Verluste in der Scheune oder im Geflügelstall zu verhindern und Maiskrippe.

Gut erzogene Katzen sind genauso gute Jäger wie gewöhnliche Katzen. Daher ist es für ein selbstversorgendes Zuhause ratsam, aristokratische Katzen für das Haus zu behalten, da es keinen Anlass gibt, Ihre Gefühle zu verletzen, wenn Kätzchen ankommen, denn das können sie immer zu relativ guten Preisen verkauft werden.

Im Nebengebäude halten wir Malteser und sehr große Schwarze. Wir haben so viele Anfragen für die Malteser und Schwarzen, dass sogar die plebejischen Mütter ein oder zwei Junge von jedem Wurf behalten dürfen, denn die Tatsache, dass sie für die Versorgung mit Kindern sorgen muss, ist ein großer Ansporn für Mrs. Cats Jagdneigung.

In Anbetracht des Dienstes, den Katzen für die Menschheit leisten, indem sie die zahlreichen Arten von Nagetieren in Schach halten, die es in Städten ebenso wie auf dem Land gibt, sollten sie die wertvollsten und am meisten gepflegten Kleintiere sein, die wir haben, und nicht die am meisten misshandelten.

Es scheint die vorherrschende, aber irrige Vorstellung zu geben, dass Katzen weder anhänglich noch gesellig seien. Behandeln Sie eine Katze wie einen intelligenten Hund, und sie wird so positiv abschneiden, dass Herr Hund äußerst begabt sein muss, um seine Überlegenheit zu bewahren.

Die draußen lebenden Katzen sollten abends und morgens, wenn die Kühe gemolken werden, reichlich frische Milch bekommen, nicht nur als Futter, sondern auch, um der schädlichen Wirkung der vielen Mäuse, die sie fressen, entgegenzuwirken. Neue Milch ist reich an Rahmfetten und wirkt als Gegengift gegen das in der Galle der Mäuse enthaltene Gift. Zweimal pro Woche füttern wir sie mit rohem Fleisch, mit Knochen, wenn wir genügend Knochen bekommen können, denn selbst die Rattenfänger müssen gut ernährt sein, sonst fehlt ihnen die Vitalität zum Jagen.

Mit viel Bewegung und der Fähigkeit, selbst Gras und Kräuter zu finden, sind Stallkatzen in der Regel normale, gesunde Tiere und benötigen von ihren Besitzern kaum Diät oder Behandlung, sollten aber immer einen guten, warmen Schlafplatz haben.

Die Stadthauskatze führt ein so halbkünstliches Leben, dass sie mehr Pflege braucht. Milch, die mehrere Stunden gestanden und entrahmt wurde, ist kein besonders gutes Lebensmittel. Bevor es den Kätzchen verabreicht wird, sollte es verbrüht und abgekühlt werden.

Menschen denken selten daran, Katzen mit Wasser zu versorgen, aber sie bevorzugen es lieber als Milch und trinken erstaunlich viel, wenn eine

Schüssel davon an einem festen Ort steht. Kartoffeln sollten in der Ernährung von Kätzchen ebenso streng tabu sein wie in der Ernährung von Welpen . Gewöhnen Sie einer Katze, morgens Müsli oder Brot und Milch zu essen.

Unsere Hauskatzen haben zum Frühstück immer ein kleines Stück fetten Speck, wenn er angeschnitten ist, und ich bin mir sicher, dass Fett und Salz ein nützliches Mittel gegen Würmer sind. Mittags gibt es Leber oder Rindfleisch, gedünstet mit Zwiebeln und grünem Gemüse, das wir haben; zum Abendessen eine Untertasse Milch.

Es ist sehr einfach, einem Kätzchen Sauberkeit beizubringen, wenn man zunächst wachsam ist und ihm eine flache Kiste oder Pfanne zur Verfügung stellt, die zur Hälfte mit Asche oder Sägemehl gefüllt ist. Eine städtische Haushälterin, deren Haustier vollständig auf die Kiste angewiesen ist, muss sich darüber im Klaren sein, dass diese regelmäßig geleert werden muss, mindestens einmal am Tag und bei Bedarf auch zweimal. Wenn Sie es vernachlässigen, wird der Sauberkeitsinstinkt des Tieres verletzt und es sucht sich einen Ort aus, wodurch es in unordentliche Gewohnheiten verfällt.

Züchtung von Kanarienvögeln für den Markt

KANARIENVÖGEL sind liebe, faszinierende kleine Geschöpfe und erfordern keine besonderen Bedingungen für die Aufzucht, die auf begrenztem Raum nicht erfolgreich bewältigt werden können. Selbst die anspruchsvollste Frau kann nichts dagegen haben, sich um ein paar Familien zu kümmern. Ein Männchen und zwei Weibchen bilden einen profitablen Schwarm. Der männliche Vogel sollte unabhängig von seiner Farbe oder Form aufgrund seiner Stimme ausgewählt werden. Die beiden anderen Vögel hingegen sollten aufgrund dieser Qualifikationen ausgewählt werden. Das Männchen sollte dunkler und tiefer gefärbt sein als das Weibchen. Tatsächlich bringen männliche Vögel mit grünen Flügeln und Köpfen, gepaart mit blassen Weibchen, die am besten gefärbten Jungen zur Welt. Erlauben Sie niemals, dass sich zwei Vögel mit Haarknoten paaren, denn seltsamerweise haben die Nachkommen normalerweise kahle oder deformierte Köpfe. Ein Zuchtkäfig mit separaten Fächern kostet mindestens 4 US-Dollar, aber ein sehr guter Käfig kann zu Hause aus leeren Trockenwaren- oder Lebensmittelkartons hergestellt werden. Natürlich muss es gut verarbeitet und glatt sein, sonst könnte es den Vögeln schaden. Vom Lackieren ist abzuraten, raue Oberflächen sollten jedoch am besten mit grobem Schleifpapier abgeschliffen werden. Entfernen Sie den Deckel und eine Seite der Box. Lassen Sie den Boden, eine Seite und die Enden intakt. Drehen Sie die Box so, dass die verbleibende Seite zum Boden des Käfigs wird . Nehmen Sie als Nächstes ein Stück Zinkblech, schneiden Sie die Ecken ein und drehen Sie sie rundherum um, sodass ein 2,5 cm tiefes Tablett entsteht. Dieser soll in den Käfig passen. Für die Vorder- und Oberseite eignet sich am besten ein quadratischmaschiges, verzinktes Tuch. Befestigen Sie es mit Mattennägeln an der Rückseite, an den Enden und an der Vorderseite und lassen Sie unten vorne Platz, damit das Tablett darunter hineingleiten kann. Setzen Sie in der Mitte des Käfigs eine Trennwand mit einer kleinen Tür ein. Außerdem ist in jedem Fach eine Tür notwendig. Die gewöhnlichen Saatgut- und Wasserschalen lassen sich durch Heimwerkergeräte nicht verbessern, also fügen Sie sie der Kaufliste hinzu.

Am Ende oder an der Rückseite jedes Fachs müssen zwei halbe Kokosnussschalen oder kleine Kisten als Fundament für das Nest aufgehängt werden. Decken Sie den Boden des Tabletts mit einer dicken Schicht Vogelkies ab und hängen Sie in jedem Fach Materialien für den Nestbau auf. Geeignet sind getrocknetes Moos, Stücke roher Baumwolle oder kurzes, feines Heu. Das Material für einen drei Fuß langen, 18 Zoll hohen und tiefen Käfig kostet nur einen Dollar, sodass der selbstgebaute Käfig nicht nur wirtschaftlich ist, sondern auch den Vorteil der Größe hat, was bei einem Zuchtkäfig von großer Bedeutung ist Es ermöglicht den Vögeln viel mehr Bewegung.

Setzen Sie in jedes Abteil ein Weibchen, damit sie sich aneinander gewöhnen können. Nach etwa einer Woche konnte die Tür in der Trennwand geöffnet werden, und beide Vögel ließen beide Abteile frei. Während dieser Zeit muss der männliche Vogel in seinem eigenen Käfig und in einem anderen Raum gehalten werden. Während dieser Vorbereitungsphase, die drei bis vier Wochen dauern sollte, müssen die drei Vögel zusätzlich zu ihrem normalen Futter jeden Morgen eine kleine Schüssel Brei aus hartgekochten, sehr fein gehackten Eiern und altbackenen Semmelbröseln zu sich nehmen. und gemahlener geschälter Hafer (kein Haferflocken oder Haferflocken), jeweils zu gleichen Teilen, nur mit Brühmilch angefeuchtet und natürlich abkühlen gelassen, bevor man sie an die Vögel verfüttert.

Nachdem sich die beiden Weibchen befreundet haben, bringen Sie den Käfig des Männchens ins Zimmer und hängen Sie ihn möglichst außer Sichtweite vor den Brutkäfig. Die Neugier wird geweckt und die Vögel werden die meiste Zeit damit verbringen, miteinander zu reden und sich zu bemühen, einander zu sehen. Eine Woche später schließen Sie die Tür in der Trennwand und lassen in jedem Abteil ein Weibchen zurück. Stellen Sie die beiden Käfige auf eine Ebene. Öffnen Sie zwei oder drei Tage später die Tür eines Abteils und die Tür des Käfigs des männlichen Vogels und platzieren Sie beide dicht nebeneinander. Er wird bald damit beginnen, in den Zuchtkäfig hinein und heraus zu gehen, und in etwa einem Tag könnte sein Käfig entfernt werden. Nachdem das Hühnerhuhn zu sitzen beginnt, öffnen Sie die Tür in der Trennwand und lassen das Männchen in das zweite Abteil. Wenn die zweite Henne zu sitzen beginnt, kann die Tür im Abteil dauerhaft geöffnet bleiben, da keine Angst vor Kämpfen zwischen den Vögeln besteht und das Männchen seine Aufmerksamkeit zwischen den beiden Familien aufteilt und dabei hilft, die Nestlinge zu füttern und zu pflegen .

Während der Brutzeit ist besondere Vorsicht geboten, da die Eier dieser kleinen Sänger äußerst zerbrechlich sind und ein lautes Geräusch, an das sie nicht gewöhnt sind, selbst das Zuschlagen einer Tür, sie manchmal verwirrt . Ein zu helles Licht ist ebenfalls störend. Daher vermittelt ein um die Ecke des Käfigs befestigtes Stück grünes Garn ein Gefühl der Abgeschiedenheit, das den Vogel ruhig und glücklich hält. Lassen Sie nicht zu, dass sie beim Sitzen beunruhigt oder gestört werden.

Vierzehn Tage nach der Eiablage erscheinen die Jungen. Für diejenigen, die sie zum ersten Mal sehen, sind die winzigen Kreaturen eine große Enttäuschung. Küken und Entenküken sind von dem Moment an, in dem sie zum ersten Mal aus der Schale schlüpfen, reizend; Aber ein junger Kanarienvogel ist federlos, blind und hat den längsten Hals, den man sich vorstellen kann. In kurzer Zeit verwandelt es sich jedoch in ein goldenes Daunenknäuel, und seine anfängliche Unattraktivität wird in Bewunderung vergessen.

Setzen Sie das Breifutter fort, aber nachdem die Kleinen geschlüpft sind, füttern Sie abends und morgens. Fügen Sie Rapssamen hinzu, die einige Minuten gekocht und dann mit kaltem Wasser abgespült wurden. Die Augen der Nestlinge öffnen sich etwa am sechsten Tag. Ab dem dreizehnten Tag beginnen sie, sich auf die selbständigste Weise zu ernähren. Wenn die Brut einen Monat alt ist, bringen Sie sie in einen anderen Käfig. Dann beginnen sie, ihre ersten Federn zu verlieren, und sie müssen sorgfältig vor Zugluft geschützt werden, damit sie sich nicht erkälten. Am Ende dieser ersten Mauser kann man erkennen, wie sich die Jungen entwickeln werden, sowohl hinsichtlich der Form als auch des Gesangs.

Die Vogelmutter beginnt normalerweise mit dem Bau eines zweiten Nestes, wenn die Jungen im ersten etwa vierzehn Tage alt sind, und hält diese Doppelfamilie manchmal von Februar bis Juni aufrecht; so dass man bei guten Vögeln davon ausgehen kann, dass die beiden Weibchen acht Bruten haben, bei durchschnittlich sechzehn männlichen Vögeln. Wenn der Trainer – also der Vogel, der den Jungen das Singen beibringt – ein guter Sänger ist, sollten die Männchen im Alter von sechzehn Wochen zwei Dollar pro Stück mitbringen.

Den jungen Weibchen können mit ein wenig Geduld Tricks beigebracht und beigebracht werden, die sie genauso viel oder sogar mehr wert machen als ihre Brüder, die nur eine Stimme haben, um sie zu empfehlen; Aber wenn die Ausbildung des Weibchens außer Acht gelassen wird, sind sie nicht mehr als fünfzig Cent pro Stück wert, es sei denn, sie werden bis zum Fortpflanzungsalter gehalten. Käfige müssen peinlich sauber gehalten werden, mit viel Sand auf dem Boden. Gewöhnen Sie die Vögel daran, jeden Morgen für eine Weile eine Badeschale hineinzustellen. Sollten die Füße verschmutzt aussehen oder die Nägel zu lang sein, nehmen Sie den Vogel fest, aber vorsichtig in die Hand und halten Sie die Füße in warmes Wasser und Seife, um den gesamten Schmutz zu entfernen und die Nägel, deren äußerste Spitzen sich ablösen können, aufzuweichen mit einer scharfen, feinen Schere schneiden. Achten Sie darauf, nicht über oder zu nahe an das Ende des Nervs heranzugehen – das Ende des Nervs, das durch den oberen Teil des Nagels verläuft; denn wenn du es tust, wird es für den Vogel schmerzhaft sein, wie es wäre, wenn du in deinen Fingernagel schneidest. Wenn Sie ein echter Vogelliebhaber sind und Zeit und Geduld haben, können Sie einen Schwarm an Ihre Anwesenheit gewöhnen, bis er Sie in einem Flugraum zwischen ihnen hindurchgehen lässt und ihn nach Belieben bedienen kann; Denn sie sind von Natur aus überaus liebevolle, sanfte kleine Geschöpfe, voller Verspieltheit wie ein Kätzchen. Ein einsamer Sänger wird

Vernachlässigung und Einsamkeit in erbärmlichem Maße empfinden, reagiert aber genauso bereitwillig auf Streicheleinheiten wie ein Kind. Ein Kanarienvogel aus dem allgemeinen Bestand eines Vogelladens ist zunächst schüchtern und zurückhaltend, baut aber bald freundschaftliche Beziehungen zwischen ihm und seinem Besitzer auf.

DIE GESCHÄFTSSEITE

UM das Haus rentabel zu machen, muss ein Buchhaltungssystem eingerichtet werden, und sei es noch so einfach, und es muss ein gewisser Einfallsreichtum bei der Vermarktung vorhanden sein. Nutzen Sie die langen Abende, um mit Büchern zu beginnen und Pläne für die optimale Entsorgung überschüssiger Produkte zu schmieden. Wenn Sie nicht wissen, was die Haltung jedes Tieres kostet und welche Erträge Sie daraus erzielen, können Sie nicht sicher sein, wie hoch Ihr Gewinn wirklich ist. Ich weiß, dass die meisten Amateure es hassen, sich auf die Realität einer Bilanz mit ihren kalten Fakten über die Kosten für die Produktion dieses oder jenes zu beschränken. Aber die Erfahrung hat mich gelehrt, dass dies der entscheidende Punkt ist und ermittelt werden muss. Ihre Konten müssen nicht ausführlich sein, aber sie müssen klar und korrekt sein. Richten Sie ein einfaches Buchhaltungssystem ein, und nachdem Sie einmal Vorurteile überwunden und den Schritt gewagt haben, ist es wirklich erfreulich, mit Sicherheit zu wissen, ob sich die Dinge wirklich lohnen oder nicht.

Der erste Schritt zur allgemeinen Ordnung besteht darin, Aufzeichnungen über einzelne Tiere bzw. Herden sowie über die Feld- und Gartenkulturen zu führen. Geben Sie jedem Tier einen Namen oder eine Nummer, und wenn Sie eine umfangreiche Haltung betreiben, halten Sie für jede Sorte ein Buch bereit. Wenn nur zwei oder drei Tiere gehalten werden sollen, genügt ein allgemeines Lagerbuch. Jedes Feld und jede Wiese sollte einen Namen oder eine Nummer haben und über die Arbeit auf jedem Feld ein Buch schreiben.

Auch Geflügel braucht ein besonderes Buch; das Gleiche gilt für die Ausgaben.

Mein Plan ist es, eine Seite im Rinderregister mit dem Namen oder der Nummer des Tieres zu versehen; Geburtsdatum bzw. Kaufdatum, mit Preis; gefolgt von Zeitpunkt der Zucht, wem, Fälligkeitsdatum, tatsächlichem Datum des Ereignisses, Geschlecht des Nachwuchses und Name oder Nummer, die ihm verliehen wurden. Wenn es sich bei dem Tier um eine Kuh handelt, wird auf der gegenüberliegenden Seite die Milchmenge angezeigt, die sie eine Woche nach dem Kalben gibt, und zwar jeden Monat, bis wir mit dem Melken aufhören. Die Milch wird alle drei Monate auf Butterfette untersucht und das Ergebnis aufgezeichnet.

Die Aufzeichnung von Schweinen und Schafen ist nicht so ausführlich, da natürlich nur die Zucht und die Ankunft des Nachwuchses erfasst werden müssen. Bei Geflügel steht oben auf der Seite die Anzahl der Ställe, gefolgt von der Anzahl der darin enthaltenen Vögel und den einzelnen Zahlen. Auf der gegenüberliegenden Seite steht die Anzahl der wöchentlich gesammelten Eier.

Das Futterbuch enthält die Menge an Getreide usw., die für jede Viehsorte verwendet wird.

Das Farmbuch wird auf die gleiche Weise geführt, wobei die Feldnummer an der Spitze der Seite steht; dann, wenn gepflügt; wie und in welchem Umfang gedüngt wurde ; mit welcher Saatgutsorte gesät wurde; Anzahl der Anbauvorgänge, Zeitpunkt der Ernte und Menge der Ernte.

Auf der gegenüberliegenden Seite sind mit Bleistift Vorschläge für Zwischenfrüchte und Fruchtfolge für die Hauptpflanzung für einen Zeitraum von fünf Jahren aufgeführt. Kleine Notizblöcke mit daran befestigten Bleistiften sind in jedem Stall oder Pferch jedes Nebengebäudes befestigt, und Ereignisse werden sofort notiert, so dass keine Gefahr besteht, etwas zu vergessen oder durcheinander zu geraten. Jeden Samstag werden die Blätter aus den Blöcken gerissen und ins Haus gebracht, um die Gegenstände in die verschiedenen Bücher zu übertragen. Es dauert nicht jede Woche eine halbe Stunde, die Büroarbeit zu erledigen, und es erspart unzählige Fehler und Unfälle und liefert außerdem den Beweis für den relativen Wert jedes Tieres und jedes Stücks Land.

Auf einer Seite des Spesenbuchs werden alle ausgegebenen Beträge eingetragen; andererseits alle erhaltenen Gelder. Jeden Monat wird ein Saldo erstellt und in ein Hauptbuch übertragen, das wiederum einmal im Jahr ausgeglichen wird.

Außerdem muss man verstehen, dass alle Gewinne nicht als Bonus betrachtet werden dürfen, der zum persönlichen Vergnügen verwendet werden kann. Ein Teil aller erhaltenen Gelder sollte als Betriebskapital zurückgestellt werden, andernfalls sind Verbesserungen und Erweiterungen schlichtweg unmöglich.

Die vorteilhafte Vermarktung von Haushaltsprodukten ist von größter Bedeutung und scheint der Punkt zu sein, an dem viele Anfänger scheitern. Auf Kommissionäre und Großhandelsmärkte sollte nicht zurückgegriffen werden, denn heimische Produkte aller Art zeichnen sich durch Qualität und nicht durch Quantität aus; Wenden Sie sich daher an hochkarätige Privatkunden, die unabhängig vom Preis das Beste wollen.

Ich habe noch nie über einen der normalen Marktkanäle verkauft, hatte aber immer mehr Bestellungen, als ich ausführen konnte, und erhielt etwas mehr als die normalen Preise. Natürlich müssen die Lage des Hauses und die Qualität der Waren einen gewissen Einfluss auf die Retouren haben, aber nicht halb so sehr wie die Art der Verpackung und des Versands. Freundlichkeit in dieser Hinsicht erregt die Gunst der Kunden und sie sind stolz darauf, ihren Freunden Dinge auszustellen – was die beste Art der Werbung ist, die ein Heimgeschäft haben kann.

Als ich an dem Punkt angelangt war, an dem ich wusste, dass ich mich regelmäßig auf eine bestimmte Anzahl Eier verlassen konnte, schrieb ich an einen befreundeten Arzt in der Stadt und teilte ihm mit, dass ich versprechen könne, zweimal pro Woche sechs Dutzend rein frisch gelegte Eier zu liefern das ganze Jahr, zu einem einheitlichen Preis von 45 Cent pro Dutzend; Kunden müssten die Expressgebühren zahlen, die 25 Cent pro sechs Dutzend betragen würden. (Expressunternehmen schicken leere Pakete kostenlos zurück.) Innerhalb eines Monats hatte er vier Kunden für mich gefunden, die jeweils zwei Dutzend pro Woche entgegennahmen und die Box bei sich zu Hause abliefern ließen, wo die anderen drei Kunden jeden Samstag anrufen sollten und Mittwoch.

In allen Geflügelställen gibt es Holzkisten mit geteilten Tabletts für drei, sechs oder zwölf Dutzend Eier zum Preis von etwa zwei Dollar pro Stück zu verkaufen. Bevor das Jahr zu Ende war, hatte jeder der drei anderen Kunden ein oder zwei Freunde interessiert, mit dem Ergebnis, dass dreimal pro Woche drei Sechsdutzend Kisten verschickt wurden, und im folgenden Winter hatte ich von denselben Leuten Bestellungen für Butter und Tafelgeflügel .

Auf diese Weise wuchs mein Markt, ebenso wie mein Lagerbestand, und ich musste mir nie Sorgen um einen Überschuss machen. Natürlich bin ich mir darüber im Klaren , dass es ein Glücksfaktor ist, einen Arzt für einen Freund zu haben, aber wenn es keinen barmherzigen Samariter gibt, der einem einen Kundenkreis aufbauen kann, wird die Energie es sicherlich schaffen; Denn jede Haushälterin sehnt sich nach guten, frisch gelieferten Tischköstlichkeiten, die nicht durch ein Dutzend Hände gegangen sind.

Ich kenne eine Frau, die ihren ersten Kunden dadurch gewann, dass sie persönliche Notizen an gesellschaftlich prominente Frauen in einer nahegelegenen Stadt schrieb, deren Adressen sie aus einem Verzeichnis erhielt. Von zwanzig Briefen erhielt sie zwei Antworten, aber beide wurden Stammkunden und empfahlen ihnen Freunde.

Ein weiteres Beispiel persönlicher Bemühungen waren Besuche bei Ärzten und Geistlichen. Noch eine andere Frau lockte die modische Hutmacherin ihrer Stadt dazu, bei ihren Kunden Bestellungen anzuwerben, und bezahlte den Gefallen mit Eiern und Butter.

Eine unpersönlichere Möglichkeit, Kunden zu gewinnen, besteht darin, mit einem oder zwei gut gelegenen Drogerie- oder Schreibwarenläden die Auslage großer Karten zu vereinbaren, auf denen die zum Verkauf stehenden Artikel und Ihre Adresse angegeben sind. Aber natürlich gibt es Dutzende

Möglichkeiten, Kunden zu finden. Zeitungsanzeigen reichen als letztes Mittel aus, aber rein persönliche Methoden sind die besten.

Nun zum Packen. Eier sollten nie älter als zwei Tage sein und müssen nach Partien gleicher Farbe und Größe sortiert werden. Sollten die Eier bei schlammigem Wetter verschmutzt sein, wischen Sie sie sofort nach dem Sammeln mit einem feuchten Tuch ab, damit die Schale nicht dauerhaft verschmutzt wird.

Für Privatkunden sollten Speisevögel besonders gemästet und trocken gepflückt werden, das heißt, die Federn werden sofort nach dem Töten entfernt, ohne dass der Vogel in kochendes Wasser getaucht wird. Da das Verbrühen den Geschmack verdirbt , werden so gekleidete Vögel nur auf Märkten der dritten Klasse akzeptiert.

Nachdem alle Federn und Nadelfedern entfernt wurden, sollte der Vogel herausgezogen, in kaltem Wasser gewaschen, ganz trocken gewischt, ein Stück Holzkohle oder eine geschälte Zwiebel in den Körper gesteckt und dann gebunden werden, denn sie sehen so viel attraktiver aus als wenn es in ausgestrecktem Zustand versendet wird.

Das Zeichnen und Zubereiten für den Markt ist in diesem Land nicht üblich für die allgemeine Vermarktung, aber in Europa ist es allgemein verbreitet, und Privatkunden schätzen immer die Verbesserung, die eine solche strenge Sauberkeit zwangsläufig im Geschmack mit sich bringt . Wickeln Sie jeden Vogel in ein Quadrat neues Käsetuch. Legen Sie für den Koch ein paar Zweige Petersilie, Thymian und Bohnenkraut beiseite . Legen Sie dann eine äußere Hülle aus weißem Papier um und binden Sie es mit einer sauberen, frischen Schnur zusammen. Dinge, die von zu Hause weggehen, sollten zierlich aussehen.

Versuchen Sie nicht, Butter per Express zu verschicken, es sei denn, Sie haben so viele Bestellungen, dass es sich lohnt, einen der Kühlkörbe zu kaufen, die heute für Autos verwendet werden. Ein Korb, der etwa vier Dollar kostet, fasst fünf bis sechs Pfund Butter, es ist also kein allzu großer Aufwand, wenn man für die Butter fünfundvierzig Cent pro Pfund bekommt. Wenn Sie Obst- und Gemüsekörbe zusammenstellen, verwenden Sie kleine Traubenkörbe, um die verschiedenen Sorten aufzuteilen. Belegen Sie sie mit grünen Blättern. Packen Sie alles sorgfältig ein und lehnen Sie alles ab, was nicht in einwandfreiem Zustand ist. Lassen Sie nicht zu, dass irgendetwas den vereinbarten Zeitplan für den Versand beeinträchtigt. Machen Sie sich einen Namen für einheitliche Exzellenz und Pünktlichkeit, und der Erfolg ist Ihnen sicher.

DAS ENDE